让学生循序渐进地
掌握科学阅读方法

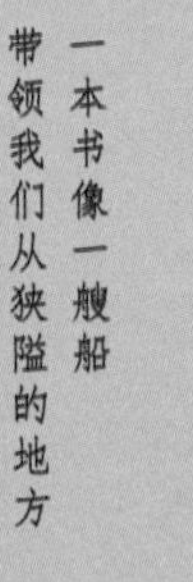

一本书像一艘船
带领我们从狭隘的地方
驶向人生的无限广阔的海洋

经典润泽心灵
文学点亮人生

读一本好书
点亮一盏心灯
用经典之笔
打好人生底色
与名著为伴
塑造美好心灵

悦读悦好

森林报 冬

SENLINBAO DONG

[苏] 比安基 / 著
博尔 / 改编

权威专家亲自审订 一线教师倾力加盟

重庆出版集团 重庆出版社

图书在版编目(CIP)数据

森林报·冬/(苏)比安基著;博尔改编. —重庆:重庆出版社,2015.5(2016.7重印)
ISBN 978-7-229-09685-4

Ⅰ.①森… Ⅱ.①比… ②博… Ⅲ.①森林－少儿读物
Ⅳ.①S7－49

中国版本图书馆CIP数据核字(2015)第069417号

森林报·冬
(苏)比安基 著 博尔 改编

责任编辑:李 蓓
装帧设计:文 利

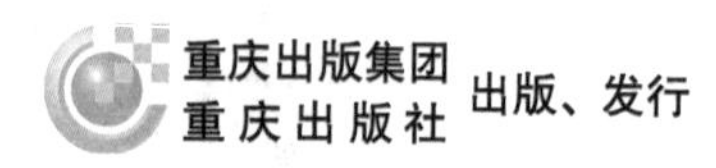

出版、发行

重庆市南岸区南滨路162号1幢
邮政编码:400061 http://www.cqph.com
北京彩虹伟业印刷有限公司印刷
全国新华书店经销

开本:710mm×1000mm 1/16 印张:9 字数:110千
2015年5月第1版 2016年7月第3次印刷
ISBN 978-7-229-09685-4
定价:30.00元

如发现质量问题,请与我们联系:(010)52464663

◎ 扬起书海远航的风帆 ◎

——写在“悦读悦好”丛书问世之际

阅读是中小学语文教学的重要任务之一。只有把阅读切实抓好了，才可能从根本上提高中小学生的语文水平。

青少年正处于求知的黄金岁月，必须热爱阅读，学会阅读，多读书，读好书。

然而，书海茫茫，浩如烟海，该从哪里“入海”呢?

这套“悦读悦好”丛书的问世，就是给广大青少年书海扬帆指点迷津的一盏引航灯。

“悦读悦好”丛书以教育部制定的《语文课程标准》中推荐的阅读书目为依据，精选了六十余部古今中外的名著。这些名著能够陶冶你们的心灵，启迪你们的智慧，营养丰富，而且“香甜可口”。相信每一位青少年朋友都会爱不释手。

阅读可以自我摸索，也可以拜师指导，后者比前者显然有更高的阅读效率。本丛书对每一部作品的作者、生平、作品特点及生僻的词语均作了必要的注释，为青少年的阅读扫清了知识上的障碍。然后以互动栏目的形式，设计了一系列理解作品的习题，从字词的认读，到内容的掌握，再到立意的感悟、写法的借鉴等，应有尽有，确保大家能够由浅入深、循序渐进地掌握科学阅读的基本方法。

本丛书为青少年学会阅读铺就了一条平坦的大道，它将帮助青少年在人生的路上纵马奔驰。

本丛书既可供大家自读、自学、自练，又可供教师在课堂上作为“课本”使用，也可作为家长辅导孩子学好语文的参考资料。

众所周知，阅读是一种能力。任何能力，都是练会的，而不是讲会的。再好的“课本”，也得靠同学们亲自费眼神、动脑筋去读，去学，去练。再明亮的“引航灯”，也只能起引领作用，代替不了你驾轻舟乘风破浪的航行。正所谓“师傅领进门，修行靠个人”。

作为一名语文教育的老工作者，我衷心地祝福青少年们：以本丛书升起风帆，开启在书海的壮丽远航，早日练出卓越的阅读能力，读万卷书，行万里路，成为信息时代的巨人!

高兴之余，说了以上的话，是为序。

人民教育出版社编审 张定远
原全国中语会理事长 2014.10 北京

◎ 悦读悦好 ◎

——用愉悦的心情读好书

很多时候，我们往往是有了结果才来探求过程，比如某同学考试得满分或者第一名，大家在叹服之余自然会追问一个问题——他（她）是怎么学的？……

能得满分或第一名的同学自然是优秀的。但不要忘了，其实我们自己也很优秀，我们还没有取得优异成绩的原因可能是勤奋不够，也可能是学习意识没有形成、学习方法不够有效……

优秀的同学非常注重自身的修炼，注意培养良好的学习习惯和学习能力，尤其是总结适合自己的学习方法和学习途径。阅读是丰富和发展自己的重要方法和途径，阅读可以使我们获得大量知识信息，丰富知识储量，阅读使我们感悟出更多、更好的东西——我们在阅读中获得、在阅读中感悟、在阅读中进步、在阅读中提升。

为帮助广大学生在学习好科学知识、取得理想的学业成绩的同时，还能培养良好的学习意识和学习能力、构建科学的学习策略，形成属于自己的学习方法和发展路线，我们聘请全国教育专家、人民教育出版社语文资深编审张定远、熊江平、孟令全等权威专家和一批资深教研员、名师、全国著名心理学咨询师联袂打造本系列丛书——“悦读悦好”。丛书精选新课标推荐名著，在构造上力求知识性、趣味性的统一，符合学生的年龄特点、阅读习惯和行为习惯。更在培养阅读意识、阅读方法、能力提升上有独特的创新，并增加“悦读必考”栏目以促进学生有效完成学业，取得优良成绩。

本丛书图文并茂，栏目设置科学合理，解读通俗易懂，由浅入深，根据教学需要划分为初级版、中级版和高级版三个模块，层次清晰，既适合课堂集中学习，也充分照顾学生自学的需求，还适合家长辅导使用；既有知识系统梳理和讲解，也有适量的知识拓展；既留给学生充分的选择空间，也充分体现新课改对考试的要求，是一套有价值的学习读物。

没有最好，只有更好。本套丛书在编撰过程中，得到教育专家、名师的广泛关注指导，广大教师和同学们的积极支持参与，对此我们表示最真诚的感谢！我们将热忱欢迎广大教师和学生给我们提出宝贵意见，以便再版时丰富完善。

“悦读悦好”编委会

◎ 功能结构示意图 ◎

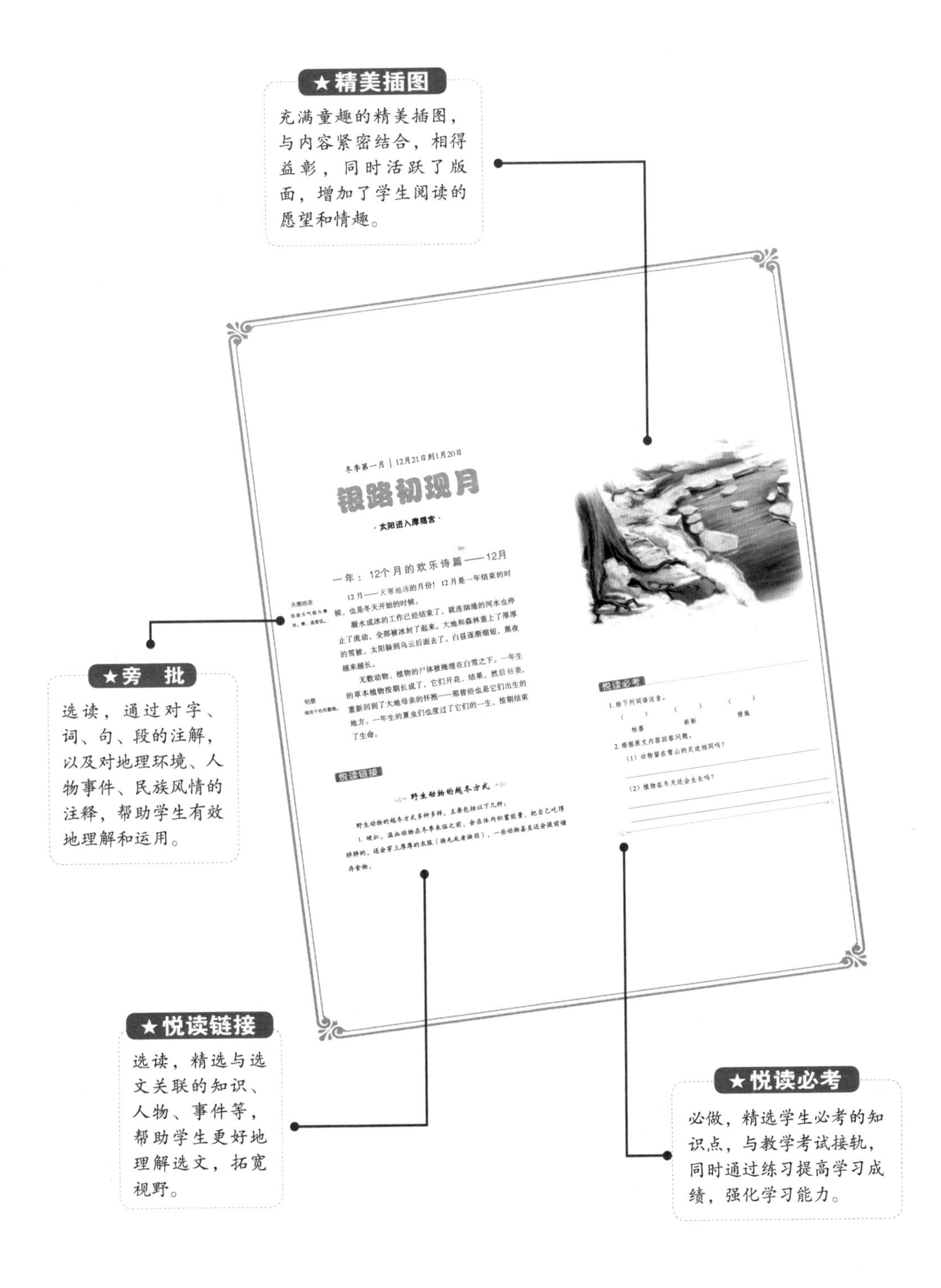
★精美插图
充满童趣的精美插图，与内容紧密结合，相得益彰，同时活跃了版面，增加了学生阅读的愿望和情趣。
★旁　批
选读，通过对字、词、句、段的注解，以及对地理环境、人物事件、民族风情的注释，帮助学生有效地理解和运用。
★悦读链接
选读，精选与选文关联的知识、人物、事件等，帮助学生更好地理解选文，拓宽视野。
★悦读必考
必做，精选学生必考的知识点，与教学考试接轨，同时通过练习提高学习成绩，强化学习能力。
冬季第一月 | 12月21日到1月20日
银路初现月
·太阳进入摩羯宫·
一年：12个月的欢乐诗篇——12月
悦读链接
野生动物的越冬方式
悦读必考

“悦读悦好”系列阅读计划

在人的一生中，获得知识离不开阅读。可以说阅读在帮助孩子学习知识、掌握技能、培养能力、健康成长等方面都有着重要的不可或缺的作用。阅读不仅仅帮助孩子取得较好的考试成绩，而且对孩子各种基础能力的提高都有重大的意义。培养孩子的阅读兴趣和养成良好的阅读习惯、掌握有效的阅读技能是教育首先要解决的重大课题之一。为此，我们为学生制订了如下科学合理的阅读计划。

学段	阅读策略	阅读推荐	阅读建议
1～2年级	适合蒙学，主要特点是韵律诵读、识字、写字和复述文段等。 目标：初步了解文段的大致意思、记住主要的知识要点。	适合初级版。 《三字经》 《百家姓》 《声律启蒙》 《格林童话》 《成语故事》 ……	适合群学——诵读比赛、接龙、抢答。 阅读4～8本经典名著，以简单理解和兴趣阅读为主，建议精读1本（背诵），每周应不少于6小时。
3～4年级	适合意念阅读，在教师或家长引导下，培养由需求而产生的愿望、向往或冲动的阅读行为。 目标：培养阅读兴趣，养成良好的阅读习惯。	适合初级版和中级版。 《增广贤文》 《唐诗三百首》 《十万个为什么》 《少儿百科全书》 《中外名人故事》 ……	适合兴趣阅读和群学。 阅读8～16本经典名著，以理解、欣赏阅读为主，逐步关注学生自己喜欢或好的作品，每周应不少于6小时。
5～6年级	适合有目的的理解性阅读，主要特点依据教学和自身的需要选择合适的阅读材料。 目标：逐步培养阅读能力，培养学习意志和初步选择意识。	适合中级和高级版。 《柳林风声》 《尼尔斯骑鹅旅行记》 《海底两万里》 《鲁滨孙漂流记》 《钢铁是怎样炼成的》 ……	适合目标性阅读和选择性阅读。 选择与教学关联为主的阅读材料；选择经典名著并对经典名著有自己的理解和偏好。每周应不少于10小时。
7～9年级	适合欣赏、联想性和获取知识性阅读。 学生的人生观、世界观和价值观日渐形成，通过阅读积累知识、提高能力、理解反思，达成成长目标。	适合中级和高级版。 《论语》 《水浒传》 《史记故事》 《爱的教育》 《三十六计故事》 ……	适合鉴赏和分析性阅读。 适当加大精读数量，培养阅读品质（如意志、心态等），形成分析、反省、质疑和批判性的阅读能力。

目录
MU LU

◎冬季第三月——忍受残冬月

森林历

SENLINLI

NO.1 冬眠苏醒月 —— 3月21日到4月20日

NO.2 候鸟返乡月 —— 4月21日到5月20日

NO.3 歌唱舞蹈月 —— 5月21日到6月20日

NO.4 建造家园月 —— 6月21日到7月20日

NO.5 雏鸟出世月 —— 7月21日到8月20日

NO.6 成群结队月 —— 8月21日到9月20日

NO.7 候鸟离乡月 —— 9月21日到10月20日

NO.8 储备粮食月 —— 10月21日到11月20日

NO.9 迎接冬客月 —— 11月21日到12月20日

NO.10 银路初现月 —— 12月21日到1月20日

NO.11 忍饥挨饿月 —— 1月21日到2月20日

NO.12 忍受残冬月 —— 2月21日到3月20日

冬季第一月 | 12月21日到1月20日

银路初现月

·太阳进入摩羯宫·

一年：12个月的欢乐诗篇——12月

天寒地冻

形容天气极为寒冷。寒，温度低。

12月——天寒地冻的月份！12月是一年结束的时候，也是冬天开始的时候。

凝水成冰的工作已经结束了，就连汹涌的河水也停止了流动，全部被冰封了起来。大地和森林盖上了厚厚的雪被。太阳躲到乌云后面去了。白昼逐渐缩短，黑夜越来越长。

枯萎

指因干枯而萎缩。

无数动物、植物的尸体被掩埋在白雪之下。一年生的草本植物按期长成了，它们开花、结果，然后枯萎，重新回到了大地母亲的怀抱——那曾经也是它们出生的地方。一年生的夏虫们也度过了它们的一生，按期结束了生命。

但是，生命的延续并没有停止！植物留下了种子，

动物产下了卵。等到明年春天，太阳就会像《睡美人》里那位英俊的王子一样，用吻唤醒它们！到那时，万物复苏，大地又会重现生机！现在，太阳的生日——12月22日就要来到了，冬天的威力开始施展出来。不管怎样，还是要先把这个漫长的冬天熬过去。

唤醒

就是叫醒的意思。常用作比喻，有使之觉醒的意思。

冬天的书

大地换上了雪白的冬装。田野和林间的空地，就像一本摊开的大书，平平整整，干干净净。

大雪下了一整天，到晚上雪停时，这书页还是洁白的一张纸。

经过一个夜晚，第二天你会新奇地发现，原来洁白的书页上印满了各种各样的符号：条条、点点、圆圈、逗号。很明显，在夜里，某些森林居民来过这里。

可到底是哪些居民来过，它们又干了些什么事呢？

快点儿研究一下这些符号吧！快点儿读出这些神秘的字母吧！不然，再来一场大雪，它们就会被盖住，消失掉了。到那时，你的眼前又会出现一张崭新的、平展的白纸，就像有人把书翻了一页似的。

崭新

全新，极新。

不一样的读法

对于这些符号，人只有靠眼睛来读。是啊，不用眼睛，难道用鼻子吗？

灵敏

反应快；能对极其微弱的刺激迅速反应。

不过，还真有用鼻子来读的。比如说狗，它只要用鼻子在这些符号上闻闻，就能读出“曾经有一只狼经过这里”或是“一只兔子刚打这儿跑过”。有些动物的鼻子特别灵敏，它们是绝对不会读错的。

各有各的笔迹

辨认

指根据特点辨别，做出判断，以便找出或认定某一对象。

动物们的笔迹都是不一样的。其中，灰鼠的字迹最好辨认：前面两个小圆点儿，那是它的前脚印；后面长长的，叉得很开，好像两只小手掌伸着细细的手指头，那是它的后脚印。

老鼠的字迹虽然很小，但也很容易辨认。因为它从雪底下爬出来的时候，往往要先兜上一个圈子，然后再朝它要去的地方跑去。这么一来，就在雪地上印上了一长串冒号——冒号和冒号之间的距离都是相等的。

飞禽的笔迹也很好辨认。比如说喜鹊，它的前脚趾是一个小十字，后面第四根脚趾留下的是一个小小的破折号。小十字两旁还有翅膀扫过的痕迹，好像趾头印。

这些痕迹都是老老实实的，没有任何花招，所以你一眼就可以看出来：这儿有一只松鼠爬下来，蹦蹦跳跳地玩了一会儿，又返回了树上；那儿有一只喜鹊飞过来，尾巴在雪地上抹了一下，然后就飞走了。

可是，并不是所有的森林居民都这样规矩地写字，有好多家伙喜欢在写字时要要花招。要是没有丰富的经验，你肯定是读不懂的。

小狗和狐狸，大狗和狼

如果你仔细观察，就会发现狐狸的脚印和小狗的脚印很像。唯一的区别就是狐狸的脚掌是缩成一团的，几个脚趾也并得很紧。而小狗的脚趾头则是张开的，因此它的脚印也相对浅一些。

大狗的脚印则和狼的脚印很像，不过也有一点儿区别。狼的脚掌两边向里收缩，因此它的脚印看起来比大狗的脚印要长一些。另外，狼的前脚掌和后脚掌之间的距离也要比大狗的脚掌印大一些。

一只狼或一只狐狸的脚印很好辨认，但如果一行行狼或一行行狐狸的脚印，就特别难读懂了。因为狼和狐狸都喜欢在写字时要些花招，故意将自己的脚印弄乱。

狼的花招

当狼一步步往前走，或是一溜小跑的时候，它们的右后脚总是整整齐齐地踩在左前脚的脚印里，而左后脚则整整齐齐地踩在右前脚的脚印里。因此，它们的脚印

整整齐齐

保持整洁和有条不紊。

是长长的，就像一条直线。

如果你看到这样一行脚印，就认为有一只壮实的狼从这里走过去了，那可就错了！因为可能是两只狼，也可能是四只、五只。因为狼在走路的时候，后面一只狼的脚总是踩在前面那只狼的脚印上，而且非常准确整齐。

如果不仔细分辨，你绝对想不到会有好几只狼从这里走过。所以，一定要好好儿训练自己的眼睛，才能成为一个能在银砌兽径（在我们这儿，猎人们把野兽留在雪地上的痕迹称为银砌兽径）上追踪野兽的好猎人！

追踪

按踪迹或线索追寻。

树木过冬

冬天，天寒地冻，树木会不会冻死啊？当然会，如果一棵树整个儿冻透了，连心里都冻了冰，就会死掉。在我们这儿，每年冬天都会冻死许多树木，其中大多是那些小树。不过，对于更多的树木来说，它们自有一套防寒措施。

首先是脱掉树叶。我们都知道，树叶会呼出很多热量。所以，一到冬天，树木就会将树叶脱掉，以保持生命所需的热量。另外，这些脱落的树叶积聚在树根底部，慢慢腐烂，也会产生热量，从而保护树根不受伤害。

其次就是为自己准备一套盔甲。每到夏天，树木都会在树干和树枝的表皮下储存木栓组织。木栓不透水，也不透气，就像一层甲胄，将树木中的热量阻挡住，不使它们向外散发。树的年龄越大，它的木栓组织就越厚，因此那些老树的抗寒能力要比那些小树强得多。

如果这个冬天实在太冷，把这层盔甲也穿透了，那也不用担心。因为在树木的机体里,还有一道化学防寒线，那是积聚在树液里的各种盐类和淀粉，它们都有很强的防寒功能。

不过，除了本身这些防寒措施，树木最好的防寒设备还是雪被。冬天，厚厚的白雪像一床巨大的鸭绒被，将森林覆盖起来。藏在这层雪被下面，不管天气有多冷，树木们都不用害怕了！

措施

针对某种情况而采取的处理办法（用于较大的事情）。

积聚

逐渐聚集。

覆盖

遮盖。

雪底下的牧场

这个月份，到处都是白雪，好像整个世界都变成了白色。这时，你是不是会想：大地上除了积雪之外，什么也没有了。花早已凋谢，草也都枯萎了。

凋谢

指（草木花叶）脱落；指老年人去世。

其实，很多人都会这样想，而且还会安慰自己说："算了吧。反正大自然就是这么安排的，自然有它的道理。"

可我想说的是，关于大自然，我们真的是知道得太少了！不信，就随我到牧场看看吧。

我们先清除掉一块积雪，这时，你发现了什么？一簇簇细小的绿叶紧紧地贴在冰冻的地面上，闪闪发亮！你甚至还会发现一些花，比如毛茛。在冬季来临之前，它们一直在开花。

现在，它们就藏在雪底下，顶着满头的花朵和花蕾，静静地等待着春天的到来！

在这片牧场上，我一共发现了62种植物，其中有36种是绿的，还有5种开着花！

怎么样，现在你还说冬天什么也没有吗？

悦读链接

野生动物的越冬方式

野生动物的越冬方式多种多样，主要包括以下几种：

1. 硬扛。温血动物在冬季来临之前，会在体内积蓄能量，把自己吃得胖胖的，还会穿上厚厚的衣服（换毛或者换羽），一些动物甚至还会提前储存食物。

2. 迁徙。野生动物随着季节迁徙，主要是指候鸟。但是，不一定是往南方迁徙。

3. 冬眠。冷血动物和部分温血动物会采取冬眠的形式越冬，冷血动物是因为天气寒冷的原因，而温血动物多半是由于食物匮乏。

4. 幼虫、卵、蛹。很多昆虫在冬天来临之前就会寿终正寝，它们留下卵或者幼虫，延续物种的生存。而有些二年生昆虫是以坚固的蛹的形式越冬，秋天还是幼虫，到了春天就是成虫了。

悦读必考

1. 给下列词语注音。

（　　）　　（　　）　　（　　）

枯萎　　崭新　　措施

2. 根据原文内容回答问题。

（1）动物留在雪山的足迹相同吗？

______

（2）植物在冬天还会生长吗？

森林大事典

不求甚解的小狐狸

不禁
抑制不住；禁不住。

蠕动
像蚯蚓爬行那样动。

在林中空地上，一只小狐狸看到了几行小老鼠留下的字迹，它不禁笑起来：“哈哈，这回有好东西吃了！”它只顾高兴，仅粗略地瞧了几眼，就悄悄地向灌木丛走去。它根本没有用鼻子好好儿闻闻，刚刚到底是谁来过这儿！

走了几步，它看到雪地上有个小东西在慢慢蠕动：一身灰不溜秋的皮毛，拖着一条细细的小尾巴！小狐狸想都没想，猛扑上去，一把抓住那小东西，低头就是一口！

哎呀！呸！呸！什么东西！真恶心！它立刻将那个小东西吐出来，跑到一旁用雪漱起口来。雪地上，一只小兽软绵绵地躺在那儿，它已经死了！

这哪儿是老鼠啊，原来是一只鼩鼱！从远处看，它的确很像一只小老鼠。可走到跟前，你就能分辨出来了。鼩鼱的脸长长地戳出来，脊背也是高高拱起的。它是老鼠的近亲，是一种小型肉食动物。凡是有经验的野兽，都不会去碰它的，因为它能发出一股很难闻的味道！

鼩鼱

食虫目鼩鼱科的通称。哺乳纲动物，体型纤小、肢短，状如鼠而嘴尖长。眼细小，视觉差，听觉、嗅觉发达。有些体侧有臭腺。

可怕的脚印

我们的森林通讯员在树底下发现了一些脚印。脚印本身倒不大，和狐狸的差不多，可却又直又长，尖端像钉子似的，看着真叫人害怕！你想想，要是不小心给有这种脚印的脚爪抓上一把，肯定会流血不止的！

我们的通讯员小心翼翼地沿着这些脚印走过去，一直走到一个很大的洞口前。在那儿的雪地上，散落着许多细毛,有黑色的,也有白色的。我们的通讯员捡起几根，发现这毛硬硬的，弹性也很好。他们马上明白了，这是獾留下的，它就住在这个大洞里。獾是一个阴沉的家伙，不过并不太可怕。现在，它应该正躺在洞里大睡呢！我们的通讯员猜想,也许是因为天气暖和,它出来溜达溜达。

通讯员

报刊、通讯社、电台等邀请的经常为其写通讯报道的非专业人员。

小心翼翼

原形容严肃虔敬的样子，现用来形容举动十分谨慎，丝毫不敢疏忽。

雪底下的鸟群

一只兔子在沼泽地上跑来跑去，从这个草墩子跳到那个草墩子，又从那个草墩子跳到这个草墩子。突然，“扑通”一声，它掉到了雪里！霎时间，从它周围的雪底

沼泽

水草茂密的泥泞地带。

下冲出许多雷鸟，噼里啪啦地扑打着翅膀！兔子吓坏了，叽里咕噜地爬出雪洞，撒腿就朝森林跑去。

原来，雷鸟的家就安在沼泽地的雪底下。白天，它们飞出来，挖雪里的蔓越橘吃；晚上再钻回雪底下。在那里，它们又安全，又暖和，还有什么比这更惬意的？

惬意

舒服，舒心；称心，满意。

雪爆炸了，鹿得救了

我们的通讯员又发现了许多脚印，好像讲述着一个神秘的故事。可这故事究竟是什么？他们猜了好久也没明白到底是怎么回事。

你看，开始是一些又窄又小的脚印，这倒很好懂：一只母鹿从林子里走过，它走得很从容，完全没有发觉自己已经大祸临头了。

这很简单，因为在那些小脚印旁边，又出现了许多大脚印。现在，谁都能看得出来，这只母鹿遇到了狼。狼从后面蹿上来，母鹿惊慌失措，飞也似的向前跑去。

惊慌失措
由于惊慌，一下子不知怎么办才好。失措，失去常态。

再往前，可以看出，狼就要追上母鹿了——因为它们的脚印越来越近！

前面是一棵大树，横躺在雪地上。在大树旁边，两种脚印完全混在了一起。

看来，母鹿跳过了大树，而狼也紧随其后蹿了过去！大树的另一面是一个深坑。坑里的雪被踩得乱七八糟，就像曾有一颗大炸弹在这里炸开了一般！

分道扬镳
指分道而行，比喻因目标不同而各奔前程或各干各的事情。扬镳，提着马嚼子，驱马前行。

从这里开始，出现了一种更大的、更可怕的脚印，弯弯的，长长的，好像有人光着脚踩过！而母鹿和狼的脚印却分开了！

雪底下到底藏着什么？真的是炸弹吗？这可怕的脚印又是谁留下的？狼和母鹿，它们为什么会分道扬镳呢？

我们的通讯员苦苦地思索着。后来，他们终于查清这些大脚印是谁留下的了。

这样一来，所有的谜团也迎刃而解了。

事情是这样的：母鹿靠着它那四条矫健的飞毛腿，成功地越过了横躺在地上的大树，向前跑去。紧跟在它的后面，狼也跳了起来，不过，它“扑通”一声，掉在了那个大洞里。

那不是普通的洞，而是一个熊洞！那会儿，熊正睡得迷迷糊糊，忽然一个大家伙掉了下来，它吓了一跳，但立刻清醒过来，一个纵身跳出洞来，飞快地向森林跑去！因为它以为有猎人捉它来了。于是，周围的雪呀、冰呀、枯树枝呀，都被它带了起来，四下里乱飞，就像一颗炸弹爆炸了一样！

纵身

身体猛然向前或向下跳跃。

狼呢？看到这么一个又大又凶的家伙，逃命都来不及，哪儿还顾得上母鹿呢！

而母鹿呢？早就趁着这个机会逃得无影无踪了！

雪海里的秘密

刚刚入冬，雪下得还不是很厚，这个时候，野兽最倒霉了！地面上光秃秃的，没有任何可以遮风挡雪的东西。地洞里也冷起来，土被冻得像石头一样，就连挖洞能手鼹鼠也受不了了。它的脚爪虽然像铁锹一样，但要想挖开那冻得硬邦邦的土，也是相当费力，更别提那些老鼠、田鼠、伶鼬和白鼬什么的了。唉，什么时候才能下大雪呢？

倒霉

遇事不利；遭遇不好。

盼啊，盼啊！终于，大雪来了，纷飞的雪花飘个不停，好像一片雪海，将大地掩埋起来。人要是不小心走进去，那雪准能没到膝盖。这个时候，最舒服的地方就是雪海底下了，又温暖，又干燥。琴鸡、榛鸡、松鸡，纷纷扎进雪堆里。老鼠、田鼠、鼩鼱都从自己的地下住宅钻出来，在这片雪海底下钻来钻去。雪白的伶鼬，不知疲倦地一会儿钻到这儿，一会儿又钻到那儿，神不知鬼不觉地奔向那些藏在雪底下的鸟的跟前。

纷飞
纷纷飞洒飘落。

不知疲倦
因为忙于或者倾心于做某事，忙碌得竟然不知道疲惫。

许多穴居的老鼠，也纷纷把自己的巢穴搬到了雪底下。我们的通讯员竟然发现，一对短尾巴田鼠竟然把巢穴安在一棵覆盖着厚厚的白雪的灌木枝上，巢里还有几只初生的小田鼠，身上光溜溜的，眼睛还没有睁开呢！

冬天的中午

这是1月的一个中午，阳光灿烂，掩藏在白雪下的森林，寂静无声。熊正躲在隐秘的洞穴里，呼呼大睡呢。在它的头顶上，是被雪压弯了的乔木和灌木，在这些乔木和灌木之间，隐隐约约可以看到许多小巧的住宅：拱形的圆顶、弯曲的空中走廊、精致的小窗户，一应俱全。

隐隐约约：指看起来或听起来模糊，很不清楚，感觉很不明显。

一只小巧玲珑的鸟儿，不知道从哪儿钻出来，扑扇着翅膀，飞到了云杉顶上，发出一阵阵婉转的啼声，响彻了整个森林。

婉转：这里形容声音动听。

这时，在那隐藏于白雪底下的小窗口，突然冒出来一双绿莹莹的眼睛，那眼神好像在询问："是春天提前来临了吗？"

这是熊的眼睛。这个大家伙，总是在自己洞穴的墙壁上留下一扇小窗户，以便在发生意外的时候向外观察。还好，没有什么动静，一切都平平安安的。于是，它缩回去，继续睡大觉了。

在冰雪覆盖的树枝上，那只小鸟跳了一会儿，又钻回到了盖着雪被的树根底下。那里，有一个用柔软的青苔铺成的窝，暖和着呢！

悦读链接

动物的眼睛为什么夜里会放光

如果仔细观察，我们会发现一些动物的眼睛在夜晚会放光：例如猫的眼睛放绿光，牛的眼睛放蓝光，狼的眼睛放黄绿光。这是为什么呢?

有的人解释说，这是因为动物的眼睛反射聚集了夜晚中极为微弱的可见光。但是，这一个说法和我们的常识是有出入的：反射光由于无法达到全反射的程度，所以一定有或多或少的损失。在漆黑的夜晚，照射到动物眼睛上的入射光的强度是很弱的，那么反射光的强度应该更弱。如果人眼连入射光都看不见，怎么经过动物的眼睛反射，反而能够看得见呢？反射总不能增强光的强度吧?

有人提出更为可信的解释，动物的眼睛在夜间发光，是反射了人眼看不见的红外线，并且在反射红外线时令其发生“蓝移”，变成了可见光。这样的可见光在漆黑的夜里相对比较明显，并由于物种不同而显出各种不同的颜色。

这其中真正的原因就要有待于科学的进一步发展了。

悦读必考

1. 将下列成语补充完整。

(　　)不(　　)禁　　　　从容(　　)(　　)

(　　)七八(　　)

2. 根据原文内容回答问题。

（1）狐狸为什么将那个小东西吐出来，还跑到一旁用雪漱起口来？

______

（2）狼为什么放弃了对母鹿的追捕？

______

农庄新闻

在集体农庄里

在这样寒冷的天气里，树木也熟睡了！林子里，到处都是“咯吱咯吱”的锯子声。整整一个冬天，人们都在忙着砍伐树木。道理很简单，冬天的树木是最好的——又干燥，又结实。

砍伐 用锯、斧等把树干锯下来或伐倒。

那些被砍下来的木材，都会被搬到河边，好让它们能在春天的时候顺着河水漂出去。为此，人们正不停地往积雪上浇着水，好让它们能够形成冰路，运送木材。

灰山鹑已经搬到了打谷场附近。现在，它们经常飞到村子里找吃的。因为要想扒开厚厚的白雪，寻找雪地下的食物并不是那么容易。再说，即使扒开了积雪，下面还有一层厚厚的冰，要想敲开它们，那可是难上加难。

打谷场 打谷或轧辗出谷粒的场地。

这个时候，要想捉住这些灰山鹑，是件很容易的事。

不过，并没有人这么做，因为在这个季节，法律不允许人们猎杀这些软弱的鸟儿。

软弱
指身体衰弱无力，不坚强。

不但如此，那些聪明而细心的猎人还要帮助这些鸟儿呢。他们用云杉枝在田野里搭许多小棚子，里面撒上燕麦和大麦。这样一来，即使在最寒冷的冬天，这些灰山鹑也不至于挨饿。

耕雪机

昨天，我到闪光集体农庄去看望一位老同学——拖拉机手米沙。

看望
到长辈或亲友等处问候。

我敲了敲门，开门的是米沙的妻子——一个很爱开玩笑的女人。“米沙还没回来呢。”她告诉我，“他在耕

地呢。”

“又和我说笑了。”我心想。可这玩笑也未免太不切合实际了。就是幼儿园的孩子也知道，这季节，怎么能耕地呢？

于是，我也用开玩笑的口吻问道：“难道他是在耕雪吗？”

口吻
说话时流露出来的感情色彩。

“当然了，不耕雪还能耕什么？”米沙的妻子回答，“就在前面的田里。”

于是，我往田里走去。米沙果真在那儿开着拖拉机，拖拉机后面拖着一只长长的木板，木板将厚厚的积雪拢到一起，堆成一道结实的雪墙。

“米沙，你这是在干什么？”

“做挡风的雪墙啊！如果不堆这么一道墙，风就会把雪吹跑的。没了雪的保护，田里的秋播作物都会冻死的。所以，我就用耕雪机耕雪呢。”米沙笑着说。

秋播作物
秋天播种的农作物，比如小麦、油菜等都适合秋天播种，它们会在地里经过一个冬天。

严格的作息时间

现在，即使是集体农庄的牲口，也都按照严格的作息时间睡觉、吃饭、散步。这是四岁的女庄员玛莎告诉我的。她说：“我和我的小朋友都上幼儿园了。我想，那些牛儿和马儿也应该上幼儿园了。我们去散步的时候，它们也散步。我们回家了，它们也会回家。”

绿色保护带

沿着铁路线，种着一排排亭亭玉立的树木，就像一条绿色的带子，保护着铁路。每年春天，铁路职工们都要栽下几千几万棵树木，让这条带子变得更长。仅今年，他们就种下了10万棵云杉、槐树、白杨树和将近3000棵果树。

悦读链接

花草树木好好过冬

冬天到了，我们都穿上了厚厚的棉衣、棉裤，可是花草树木却只能忍受寒风肆虐，我们能做些什么帮助它们度过寒冬吗？

方法一：

给树木加“衣服”。我们把草绳一圈圈地缠在树腰上，帮助树木抵挡寒冷。为了防止一些馋嘴的虫子把树木的衣服吃掉，我们还会再在旁边刷一些石灰。

方法二：

给花草盖“被子”，这床“被子”就是雪。如果雪下得比较厚，那样就不用害怕花草会被冻死了。老话说：“今冬麦盖三层被，来年枕着馒头睡。”但是风会吹走雪，所以为了防止这种情况出现，我们用耕雪机来把雪压回花草上面去。

只要用了这些方法，一定能让花草树木安然度过寒冷的冬天。

悦读必考

1. 根据拼音写词语。

kǒu wěn　　zuò xī　　zhí gōng　　sàn bù

(　　)　(　　)　(　　)　(　　)

2. 根据原文内容回答问题。

（1）伐木工人为什么往积雪上浇水？

____

____

（2）拖拉机手为什么要堆雪墙？

____

____

城市新闻

由森林深处到人类的集体农庄，又到现在的我们的森林居民暂时移居到的世界各地，我们的视角在不断扩大。那么现在远离家乡的它们究竟生活得怎么样呢……

移居
改变居住的地方；迁居。

光脚在雪地上爬

一个阳光灿烂的日子，温度表上的刻度升到了零度以上。在花园里、公园里和林荫路上，出现了许多没有翅膀的小苍蝇。它们在雪地上爬来爬去，直到太阳落山，才钻回到那些僻静、暖和的角落里或是铺满落叶和青苔的缝隙里。

灿烂
光彩鲜明夺目。

僻静
偏僻清静。

奇怪的是，在它们爬过的地方，光秃秃的，并没有留下脚印。道理很简单，因为它们的身子很小，只能用放大镜才能看清。况且，它们是光着脚的，当然也就没脚印了。

来自国外的消息

最近，我们《森林报》编辑部陆续收到了一些从国外寄来的消息，报道从我们这儿飞走的那些候鸟的生活情况。

候鸟
迁徙的鸟儿，比如大雁、野鸭等。它们都是恒温动物，需要生活在温度相对恒定的环境中。所以，当季节变换，它们要从变冷的地方迁到其他温暖的地方。

我们这儿有名的歌手——歌鸲，现在正待在非洲中部。而小小的歌唱家——百灵，则待在埃及。至于椋鸟，则分批去了意大利、法国和英国。

在那儿，它们不再歌唱，也不再筑巢、孵化雏鸟。它们只是忙着吃喝，然后静待着春天的到来。那时，它们就可以返回故乡了。

鸟的天堂

埃及是鸟儿的天堂。那里有汹涌奔腾的尼罗河，在河水泛滥的地方，遍布着牧场和农田，数不清的湖泊和沼泽点缀其中，有咸水的，也有淡水的。在这些地方，到处都有食物，可以款待千千万万只鸟儿。每到冬天，我们这儿的许多鸟都飞去尼罗河过冬。再加上那些本地

泛滥
江河湖泊的水溢出，四处流淌。

的鸟儿，拥挤的情形真是难以想象，就好像全世界的鸟儿都聚集到了那儿。

密集在湖上和尼罗河支流上的是水禽，它们密密匝匝地挤在一起，把水面都遮住了。嘴巴下长着个大口袋的鹈鹕和我们这儿的小水鸭一起捉鱼；刚从列宁格勒飞过来的鹬在漂亮的长脚红鹤中踱来踱去；要是出现了羽毛斑斓的非洲乌雕或是我们这里的白尾金雕，它们准会四散奔逃的。

密密匝匝
密集的，茂密的，满满的（多指树木茂盛繁密），形容很稠密的样子。

斑斓
灿烂多彩。

如果有人恶作剧放上一枪，那情形更会让人吃惊！千百万只形形色色的鸟儿冲天而起，在空中形成一片巨大的黑影，连太阳都给遮住了！而那喧嚣声就像几千面大鼓同时敲响，震得你的耳朵都会嗡嗡作响。

喧嚣
声音杂乱，不清静。

国家禁猎区

在我们国家，也有一处鸟的天堂，在那儿，就和埃及一样，你同样可以看到许许多多的鸟儿——红鹤、鹈鹕、野鸭、大雁、鸥、鹬和各种猛禽。

猛禽
泛指性情凶猛的鸟类。它们大都以捕猎其他鸟类或老鼠、兔子、蛇等动物为食，如鹰、隼等。

那儿没有冬天，没有积雪，也没有暴风，只有温暖的海水，浅浅的海湾里布满淤泥，岸边芦苇丛生，各色各样的鸟儿栖息其中。

栖息
停留；休息（多指鸟类）。

我们把那儿叫作禁猎区，在那里，聚集着各种候鸟。它们辛苦了一个夏天，现在，都飞到了那里过冬。这个美丽的地方，位于里海东岸的阿塞拜疆共和国境内。

轰动南非的大事

在南非发生了一件轰动一时的大事。一群白鹤从空中飞过，人们发现，在鹤群中有一只白鹤的脚上套着一个白色的金属环。于是，人们将这只白鹤捉住，这才看清，金属环上还刻着字：莫斯科，鸟类学研究委员会，A组第195号。

后来，这则消息被刊登在报纸上，我们这才知道，前些时候从我们这儿飞走的那些白鹤是在哪里过冬的。

在世界各国，科学家们就是用这个方法，来研究那些关于鸟儿们的奇奇怪怪的秘密的。例如，它们在什么地方过冬，一路上要经过哪些地方等。

轰动一时

形容在一个时期里到处传播，影响很大。

消息

新闻体裁名。其特点是简要而迅速地报道新闻事实。以电报传递的消息，又叫“电讯”。

如果有谁发现了这种脚上戴着脚环的鸟儿，并且看清楚了脚环上的字，就应该通知那个科学机关，或是将这件事刊登在报纸上。

悦读链接

捕鱼高手鹈鹕

让人一眼就能认出鹈鹕的，是它们下巴下面那个大喉囊。这个喉囊到底有多大呢？成年鹈鹕的嘴巴长度平均达到40厘米，而大喉囊是下颌与皮肤相连接形成的，还可以自由伸缩。鹈鹕捕鱼时，就将猎物放在喉囊里。但是，这么巨大的嘴巴，再加上喉囊里的鱼和水，往往弄得鹈鹕头重脚轻，浮出水面时，往往都是尾巴先露出来，然后才是身体和头部。出水之后，鹈鹕会收缩喉囊，把喉囊里面的水都排出去，然后脖子一伸，把鱼吞下肚去。

善于飞翔的鹈鹕，在全世界的温暖水域都有分布。美国的路易斯安那州是鹈鹕的乐园，也被称为鹈鹕州，州鸟就是鹈鹕，该州首府新奥尔良的NBA球队队名就是鹈鹕队。

悦读必考

1. 仿照“密密匝匝”，写至少三个同类型的叠词。

____

2. 根据原文内容回答问题。

（1）为什么说埃及是鸟儿的天堂？

____

（2）鸟的脚上套着的金属环有什么用？

3. 收集关于“禁猎区”的资料，向周围的人宣传相关的知识。

狩　猎

带着小旗子去打狼

这阵子，有几只狼常来村子附近溜达，人们一不注意，就会被拖走一只小羊。村子里没有猎人，于是，人们只好到城里找人帮忙。

当天晚上，一支队伍开进了村子，那全是打猎的好手。随队一起来的还有两架雪橇，上面装着粗大的卷轴，卷轴上缠满绳子，高高隆起，好像骆驼的驼峰。在绳子上，每隔半米，还挂着一面小红旗。

雪橇　一种雪上运动器材，一般由木头或金属制成。在长年有冰雪的严寒地带，雪橇是主要的交通工具。

雪地上的脚印

他们向村民打听明白了，狼是从哪儿进村的。随后，就顺着脚印追了下去。那两架满载着卷轴的雪橇，依旧

依旧　依然像从前一样。

跟在他们的后面。他们发现，狼的脚印只有一条，穿过田野，直通到林子里。可这是一群经验丰富的猎人，他们看了看，便说，走过去的是一群狼。

果然，等进了林子，狼的脚印变成了五行，很明显，有五只狼曾经进过村子。最前头是一只母狼，因为那脚印窄窄的，步子小小的，这些都是母狼的特征。

猎人们又围着林子查看了一圈，没有出来的脚印。这就说明，狼群就藏在树林里，并没有出来，得赶紧来一场围猎。

围猎

从四面合围起来捕捉禽兽。

包 围

猎人们分成两组，每组带着一个卷轴，乘着雪橇缓缓前进。卷轴旋转着，一路放出绳子。后面有人将这些绳子捡起来，缠在灌木或树干上，距离地面大约 35 厘米的样子。不久，两队人在村子附近会合，这时，整片树林周围都被缠上了绳子，上面还飘扬着红色的旗子。

猎人们嘱咐村民，第二天一大早就要起床，随后，他们便回去休息了。

旋转

物体围绕着一个点或一个轴做圆周运动。

飘扬

随风摆动或飞扬。

月 夜

那天晚上，是个寒冷的夜晚。

母狼睡醒了，伸了个懒腰站起来。公狼听到动静，也跟着站起来。随后，那三只今年刚出生的小狼也站了起来。周围全是密密麻麻的树木，一轮明月挂在树梢上，发出青白色的光。母狼抬起头，朝着这轮皓月嚎叫起来。公狼也跟着凄凉地叫起来，小狼听了，也发出细细的尖叫。

村子里的牲畜听到狼的嚎叫，吓得惊慌失措，也纷纷叫起来。

母狼向四周看了看，迈动了脚步。后面，公狼也迈动了步子，再后面，是小狼。

它们小心地迈动着步子，后面一只脚不偏不倚地踩在前面一只脚的脚印上。它们就这样，踩成一条直线，

皓月

洁白明亮的月亮。皓，洁白明亮。

不偏不倚

不偏向任何一方，也形容不偏不歪，正中目标。

穿过树林，向村子走去。

突然，母狼停住了脚步。一双恶狠狠的眼睛不停地闪烁着。它的后面，公狼和小狼也停住了脚步。

母狼抽动鼻子，一股酸涩的味道钻入它的鼻孔。借着月光，母狼看到前面的灌木上挂着一些红色的布条。母狼经历过很多事情，但这种情况还是第一次见到。不过，它知道，哪儿有布条，哪儿就准有人。不行，得赶紧回去！于是，它转过身，朝密林奔去。紧跟在它后面的公狼和小狼也奔跑起来。

酸涩

又酸又涩的（味道、心情）。

密林

树木长得很密的树林。

不一会儿，它们穿过树林，来到了林子的另一头。在那儿，它们又看到了许多布条。

母狼有些惊慌，转过头又朝另一个方向跑去。公狼和小狼紧紧地跟在它的后面。可是，无论它们跑到哪儿，都会看到一条条布，随风飞舞。

包围圈

军事上指已形成的包围态势的圈子和已被包围的地区。

看来，是走不出这个包围圈了。母狼只好颓丧地回到林子中间，躺下来，公狼和小狼也跟着躺下来。起风了，寒风刮过森林，呼呼作响。真冷啊，真饿啊！

第二天早上

天空刚刚露出鱼肚白，两队人马已经走出了村子。

第一队的人很少，每个人都穿着厚厚的灰袍子。他们绕着树林，将那些小旗子悄悄解下来。然后在灌木丛后分散开。这是猎人的队伍，他们之所以都穿上灰衣裳，是因为在这个季节，森林也是灰色的。灰衣裳融入灰森林里，不容易被发现。

第二队人很多，都是拿着棍棒的村民。在猎队司令员的号令下，他们全都冲进林子，一边走，一边拿着棍棒敲击着树干，嘴里还不停地发出呼喝声。

鱼肚白
白里透青，像鱼肚子的颜色。指黎明时东方的天色。

号令
下达的命令。

围　攻

呼喝声惊醒了正在打盹儿的狼群。母狼一个激灵跳起来，向与村子相反的方向冲去。在它的身后，是公狼和小狼。它们脖子上的毛都竖了起来，尾巴紧紧地夹着，两只耳朵靠在头上，眼睛冒着火。

不一会儿，它们冲到了树林边。那儿，一条条红布迎风飘扬，它们赶紧往回逃！

呼喝声越来越近了！狼群加快了脚步，一直蹿向了林子的另一边。这里没有红布条！快，冲过去！就在这时，灌木丛后喷出一阵阵火光，随后，枪声“砰砰”地响起来。公狼猛地蹿向空中，然后一个跟头，重重地摔了下来。

激灵
受惊吓猛然抖动。

小狼则满地打滚儿，发出凄厉的尖叫。

不一会儿，枪声停止了，猎人们从灌木丛后走出来。公狼、小狼都在，只有那只母狼不知去向。它究竟是怎么逃走的，谁也没有看见。

不过，从这以后，村子里再也没有什么牲畜失踪过。

猎狐狸

这天早上，塞索依奇刚走出家门，就发现远处的田野上，一行整整齐齐的狐狸脚印伸向了远方。这个经验丰富的猎人不慌不忙地走过去，蹲在脚印边，把指头伸到脚印里比画了一下，沉思了一会儿，然后套上滑雪板，顺着脚印追了过去。他一会儿进入灌木丛，一会儿又出来，想一会儿，再滑进去。

不慌不忙
指不慌张，不忙乱。形容态度镇定，或办事稳重、踏实。

一个小时后，塞索依奇已经围着林子转了一圈。他从林子的一头钻出来，向我们这儿另外一个猎人——谢尔盖的家滑去。

谢尔盖的母亲远远地看到他，从屋子里走出来，说：“我儿子没在家，也没告诉我他去哪儿了。”

捣鬼
暗中玩弄诡计进行搅扰或破坏。

塞索依奇知道这老太太在捣鬼。于是笑了笑，说：“我知道他在哪儿。”说着转身朝安德烈家滑去。果然，在安德烈家，他看到了这两个年轻的猎人。

尴尬
形容人处于左右为难的境地，感到不好意思，无所适从。

两个人正在谈论着什么，看到塞索依奇走进来，同时停住了口，一脸尴尬的神情。谢尔盖从板凳上站起来，

扭着身子想遮住身后一个挂着小红旗的卷轴。

“得了，孩子们，别偷偷摸摸的了，我都知道了。”塞索依奇说，“昨天晚上，集体农庄的一只肥鹅被狐狸拖走了。那狐狸现在在哪儿，我也知道。”

这几句话，让两个猎人听得目瞪口呆。因为在半个小时前，谢尔盖碰到一个农庄的庄员，才知道昨天夜里他们那儿被狐狸拖走了一只鹅。谢尔盖听到这个消息，就回来找安德烈，商量着去寻找那只狐狸，免得被塞索依奇抢了先。谁知道，他们还没商量出个眉目，塞索依奇就来了，而且什么都知道了。

目瞪口呆：形容因吃惊或害怕而发愣的样子。

眉目：事情的头绪。

“准是老太太多嘴，告诉你的！”安德烈说。

“哼，老太太恐怕一辈子也搞不清这些事的，是我看脚印看出来的。”塞索依奇冷笑道，“现在我就给你们讲讲。这是一只个头儿很大的老公狐狸，胖胖的，毛皮很厚。它走起路来很稳，不像小狐狸那样把雪都踩乱了。它拖着那只鹅，从农庄出来，走到一处灌木丛，将鹅吃了。我已经找到了那个地方。”

灌木：指那些没有明显的主干、呈丛生状态、比较矮小的树木。

安德烈和谢尔盖对视了一眼，那神情分明是在说："怎么回事？难道这些都写在脚印上了吗？"

塞索依奇看出了他俩的怀疑，接着说："如果是一只瘦狐狸，那它身上的毛皮肯定很薄，也没有光泽。可老狐狸就不同了，生性狡猾，养得肥肥的。当然，它的脚印和瘦狐狸的也不同。它吃得饱，因此走起来步子很轻，也很灵巧，就像猫一样。步子也整整齐齐的，后面的脚印总是踩在前面的脚印上。这个时段，像这样一只老狐狸，在列宁格勒的收购站，可是能卖个大价钱呢！"

光泽

光彩；光华。

说到这儿，塞索依奇打住了话头。

安德烈和谢尔盖瞧了瞧他，走到墙角，小声嘀咕了一会儿，这才走过来，对塞索依奇说："好吧，塞索依奇，干脆和你直说吧，我们也得到了消息，连小旗子都准备好了。你要是愿意，咱们就一起干！"

"好啊！"塞索依奇说，"第一次围攻，如果打死它算你们的。可要是叫它跑了，那就别想着有第二次围攻了。这只老狐狸很狡猾，又不是我们本地的。咱们本地的狐狸，没有这么大个儿的。还有，小旗子还是留在家里吧，这只狐狸让人们围猎肯定不止一两次了，可它还活着呢！说明那些东西没用。"

围攻

包围起来加以攻击。引申为众人一起批评、指责某个人。

可是，谢尔盖和安德烈还是坚持要带上小旗子，他们认为这样会稳妥些。

稳妥

稳当，妥当。

"随你们的便，你们乐意怎么办就怎么办吧。"塞索依奇说。

谢尔盖和安德烈立刻准备起来，将挂满小旗子的卷轴搬到雪橇上。趁着这个机会，塞索依奇叫来了五个农庄的庄员，请他们帮忙围猎狡猾的狐狸。

“我们这是去打狐狸，不是去打兔子。兔子总是稀里糊涂的，可狐狸不一样，只要叫它看出一点儿苗头，它就会逃得无影无踪的！到那时，就是找上两天，也别想把它找出来。”

苗头
刚刚显露的事物发展的趋势或迹象。

说话间，一行人已经来到狐狸藏身的那片小树林。他们立即分散开来：围猎的人站在林子周围；谢尔盖和安德烈带着卷轴，沿着林子挂起小旗子；塞索依奇则带着另外一个卷轴走向右边。

“你们可得留点神。”塞索依奇提醒他们，“注意看有没有走出林子的脚印。还有，动作要轻，别弄出声响。老狐狸可精着呢，一点儿声音都会让它采取行动。”

提醒
从旁指点，促使注意。

过了一会儿，包围线布置好了，三个猎人在林子边碰了头。

“都弄好了，只留下了一个150步的通道。”谢尔盖和安德烈对塞索依奇说，“还有，我们仔细瞧过了，没有出林子的脚印。”

“非常好。”塞索依奇说，“你们最好找个地方守候。”说着，他踏上滑雪板，朝围猎的人们滑去。

守候
守卫；看护。

不一会儿，围猎开始了。塞索伊奇带着围猎的庄员，向林子走去。他们一边走，一边用木棒敲着树干。林子里很安静。塞索伊奇走在中间，一边整顿着这条狙击线，一边等着两个青年猎人的枪声。可他已经走到了林子中间，还是没有听到枪响。

狙击

埋藏在隐蔽处伺机袭击敌人。

“怎么回事？它早该跑出来了！”塞索伊奇一边走一边想。已经走到树林边了，安德烈和谢尔盖从藏身的地方走了出来。

“没出来吗？”塞索伊奇问。

“没瞧见！”两个人回答。

塞索伊奇一句话没说，转身朝包围线跑去。不一会儿，传来他气急败坏的喊声：“喂！到这儿来！”

气急败坏

一般用来形容一个人非常生气的样子。

大伙儿都跑了过去。

“你们说没有出林子的脚印，那这是什么？”塞索伊奇生气地朝两个年轻猎人嚷道。

“兔子的脚印啊！”两个人异口同声地说，“刚刚包围的时候，我们就已经看到了。”

“那兔子脚印里头呢？是什么？我早跟你们说过了，这是只老狐狸，狡猾着呢！”

两个猎人蹲下身子，在兔子的后脚印里，隐约可以看出还有另外一种脚印——圆圆的，短短的，正是狐狸的脚印！

“难道你们不知道吗？狐狸为了掩盖自己的脚印，常常踩着其他动物的脚印走。”塞索伊奇气得直冒火，“你们这两个家伙，浪费了多少时间啊！”说完，他顺着脚印追了下去。其余的人默默地跟在他的后面。

掩盖

遮盖，掩饰该受责备的或违法的事。

进了灌木丛，狐狸的脚印就和兔子的分开了。这时，谢尔盖和安德烈才知道这只狐狸有多狡猾了。雪地上到处都是绕来绕去的脚印，他们顺着这些脚印走了好半天，什么也没找到。大家都有些灰心了。

狡猾

诡计多端，不可信任。

突然，塞索伊奇停住了，他指着不远处另外一片小树林，低声说："它在那儿！前面五千米的地方都是平地，没有树丛，也没有溪谷，它不会冒险穿过这么一大片空地的！我拿脑袋打赌，它准在那儿！"

听了这话，大家一下子振奋起来！塞索伊奇吩咐谢尔盖和安德烈带着人分别从左右两边包抄，自己则走进林子。他知道，在林子中间有一小块空地，狐狸绝对不会待在那没遮拦的地方。但是，不论它从哪个方向穿过小树林，这块空地都是必经之地。

包抄
绕到敌人背面或侧翼进攻敌人。

在这块空地的中央，有一棵高大的云杉，旁边还有一棵已经枯死的白桦，倒在云杉粗大的枝干上。

塞索依奇的脑子里突然闪出一个念头："顺着这棵白桦树爬到云杉上，这样居高临下，不管狐狸往哪儿跑，都能看得到。"可马上，他又打消了这个念头。因为趁他爬树的工夫，说不定狐狸就会跑过去。再说，在树上开枪，也不方便。

居高临下
处在高处俯视下面，形容地势非常有利，也形容处于有利的地位。

这时，周围响起了围猎人低低的呼喝声。塞索伊奇满心以为那只狐狸就在附近，而且随时都会出现。

可当一团棕红色的皮毛在树丛间闪过时，他还是紧张了一下。但他立即就发现，那只是一只兔子。

呼喝声越来越近了，兔子已经跳进了密林，不知去向了。突然，从左右两边各传来一声枪响。塞索伊奇出了一口气，放下了枪。"不是谢尔盖，就是安德烈，反正总有一个人把那狐狸打死了。”

尴尬

（神色、态度）不自然。

不一会儿，谢尔盖一脸尴尬地走了出来。

“没打中？”塞索伊奇问。

“在灌木后面，怎么打得中……”

“在我这儿。”背后传来安德烈笑嘻嘻的声音。他走过来，把一只打死的兔子扔到塞索伊奇面前。

“好啊！运气不错。现在，大家回家吧！”塞索伊奇揶揄地说。

揶揄

戏弄，侮辱。

“狐狸呢？”谢尔盖问。

“你看见狐狸了吗？”塞索伊奇反问道。

“没有。我打的也是兔子，它就躲在灌木的后面……”

塞索伊奇挥了挥手，大家一起朝林子外走去。塞索伊奇走在最后面。天还没有全黑，他看得很清楚，狐狸和兔子进入空地的脚印清清楚楚地印在雪地上，可出了空地，两种脚印都消失了！

“难道这只狐狸在空地上打了个洞，藏在了里面？”塞索伊奇有些想不透了。这会儿，天已经黑了，塞索依奇只好回家去了。

第二天一早，塞索伊奇又来到那块空地。他

看到：一行狐狸的脚印从空地里延伸出来。塞索伊奇顺着脚印一直走到空地中央，只见一行整整齐齐的脚印顺着倾倒的白桦上去，消失在云杉茂密的枝叶间。在那儿，距离地面大约 8 米高的地方，树枝上的雪已经没了，很明显，曾经有野兽在那儿过过夜。

茂密
茂盛而繁密。

塞索伊奇终于明白了。昨天，他在这儿守着的时候，那只狐狸就躺在他的头上。

悦读链接

狡猾的狐狸

我们常用“狡猾”来形容狐狸，这种说法一点儿也不错。

狐狸的捕猎方式非常狡猾：当狐狸发现猎物时，并不是立刻就冲上去，而是做出许多古怪的动作来分散猎物的注意力，等到那些猎物放松警惕，再出其不意地偷袭猎物。

另外，狐狸还有一种本事——装死。如果狐狸遇到敌害，它会立即装死，吓敌人一大跳，等到那些敌人放松警惕，它倒出其不意地逃走了。

悦读必考

1. 仿照下面的句子写一个反问句。

难道这只狐狸在空地上打了个洞，藏在了里面？

____

2. 根据原文内容回答问题。

（1）小旗子在打猎的过程中有什么用处？

______

（2）狐狸躲在哪里逃过了一劫？

______

无线电通报：呼叫东西南北

我们是《森林报》编辑部。今天是12月22日，冬至——一年之中白昼最短、黑夜最长的一天。现在，我们要跟全国各地举行今年最后的一次无线电通报。苔原！草原！沙漠！森林！山岳！海洋！请你们讲讲，你们那儿发生了些什么事情？

这里是北冰洋群岛

在我们这儿，太阳已经落到海洋里去了。

在春天来临之前，它不会再出来了。不过，即使没有太阳，我们这儿也挺亮的。第一，月亮没有休息，该出

来的时候一刻也不差；第二，我们这儿常有北极光。

这种神奇的光，色彩缤纷，变化无穷。一会儿像飘动的丝绸，沿着北方的天空铺展开来；一会儿像飞泻的瀑布，从天空直泻而下；一会儿像直指苍穹的利剑。北极光把四周照得几乎和白昼一样。

天呢？冷吗？不错，冷得要命！那么，还有动物留在我们这里过冬吗？当然。

你看，躲在厚厚的冰底下的，是海豹。早在冰还没冻厚的时候，它们就在冰面上为自己开凿了通气孔。它们就是从这些通气孔中呼吸新鲜空气的，有时它们也会爬到冰面上来歇一会儿。不过，这么做的时候，它们必须得小心那些公北极熊。这些公北极熊和那些母北极熊不一样，它们不冬眠。

在苔原下，还有短尾巴的旅鼠。它们在雪底下挖出一条条通道，以便啃食那些埋在地底下的草。

通道

沟通内外或两处之间的过道。

另外，还有北极狐，它们躲在冰山后面，捕食那些旅鼠。

这里是新西伯利亚大森林

成群结队

众多的人或动物结成一群群、一队队。形容人或动物很多，自然地聚集在一起，后来也比喻团结一致。

在我们这儿,雪已经积得很厚了。猎人们踏着滑雪板，带上猎狗，拖着一辆辆满载着食物和其他生活必需品的雪橇，成群结队地进入大森林。

在那里，有数不清的淡蓝色的灰鼠、珍贵的黑貂、

毛茸茸的猞猁猕、硕大的麋鹿、雪白的白鼬和无数火红色的火狐和棕黄色的玄狐，以及美味的榛鸡和松鸡。

在这儿，猎人们要待上几个月，忙着张网、设陷阱，捕捉各种各样的飞禽走兽。他们这么做时，那些猎狗也没闲着，它们东闻闻、西看看，寻找松鸡、灰鼠、麋鹿，或者睡得正香的熊。

当他们回家的时候，每个人的雪橇上都装满了猎物。

这里是顿巴斯草原

我们这儿也在下雪呢！不过我们可不在乎！我们这儿的冬天不长，也不可怕，甚至好些河流都不结冰。许多鸟儿都来我们这儿过冬了：秃鼻乌鸦从北方飞来；雪鹀、角百灵从苔原飞来，在这里，它们可以一直住到明年3月份，而且不用为食物操心，因为我们这儿有的是吃的！

空旷的草原上覆盖着薄薄的白雪，田里，已经没有什么活儿要干了。可在地底下，人们继续忙碌着。深深的矿井里，我们正忙着用机器挖煤，再把它们送到

顿巴斯草原

顿巴斯是顿涅茨克盆地的简称。顿巴斯地区是典型的干草原。在这一地区蕴藏着丰富的煤炭资源。

操心

担心。

地面上。在那里，它们被装上火车，送到全国各地。

这里是卡拉库姆沙漠

我们这儿又像夏天那样，变得死气沉沉了。所有的飞禽都飞走了，所有的走兽也都逃掉了。鸟儿飞到了温暖的地方，野兽也躲了起来。乌龟、蜥蜴、蛇，甚至老鼠、跳鼠，都钻进了深深的沙子里冬眠了！只有太阳，还徒劳地照着这片死寂的土地。

凶猛的风在旷野里肆意游荡。现在，没有谁来阻止它了。这个季节，它才是沙漠的主人。

不过，这种情形不会持续很久的。我们正在植树造林，开凿水渠。过不了多久，这里就会出现一片绿洲！

蜥蜴

又叫四脚蛇，是一种冷血爬行动物。它们大多生活在热带或半热带地区，遇到敌害能断尾求生。

肆意

不顾一切由着自己的性子（去做）。

这里是高加索山脉

在我们这儿，夏天里有冬天，冬天里也有夏天。在那高耸入云的山顶上，覆盖着厚厚的冰雪，即使夏天灼热的阳光，也融化不了它们。可是，在谷地和海滨，却四季如春，即使冬天的寒风，也不能叫那些花凋落。你看，果园里，我们刚刚摘下橘子、橙子和柠檬。花园里，还盛开着玫瑰。向阳的山坡上，第一批春花已经盛开。

就是那些动物，也不必担心冬天。因为，它们只要从山顶上搬到山脚下就行了。在那儿，雨温柔地下着，到处都是吃的！

高耸入云

形容建筑物、山峰等高峻挺拔。

这里是黑海

在我们这儿，暴风的季节已经过去了。海浪轻轻地拍打着海岸，一弯细细的月牙儿映在蔚蓝的海面上，轻轻柔柔。

在这里，是没有真正的冬天的。只是海水会变得凉一点儿而已，再就是北海岸一带会结一层薄冰，但很快就会融化。

所有的东西都在狂欢：海豚在水里嬉戏，鸬鹚在水里钻进钻出，海鸥在空中盘旋，各种船只在海面上穿梭不息。这里的冬天，并不比任何一个季节寂寞。

鸬鹚

也叫鱼鹰，是鹈形目鸬鹚科鸟类，可驯养捕鱼。

悦读链接

北极熊的冬眠

我们都知道棕熊和黑熊会冬眠，但是北极熊是不会主动冬眠的。哺乳动物冬眠，很大程度上不是因为自身对环境温度的适应性，而是因为冬季食物的匮乏，所以在一些赤道地区有些动物会在炎热的夏天“夏眠”。北极熊作为肉食性动物，它的捕猎对象是海豹，所以完全没有冬眠的必要。

只有母北极熊在产仔的时候，会挖一个大雪坑藏起来哺乳幼仔，而且季节正好是冬季，勉强可以称为“冬眠”。但是，这个时候的母北极熊并不会闭上眼睛呼呼大睡，而是会睁一只眼闭一只眼，随时防备外界的不利情况。

悦读必考

1. 仿照下面的句子，用“一会儿……一会儿……一会儿……”造句。

这种神奇的光（北极光），色彩缤纷，变化无穷。一会儿像飘动的丝绸，沿着北方的天空铺展开来；一会儿像飞泻的瀑布，从天空直泻而下；一会儿像直指苍穹的利剑。

____

2. 根据原文内容回答问题。

（1）顿巴斯草原的地底下，人们在忙什么？

____

（2）高加索山脉的动物为什么不必担心冬天？

____

锐眼竞赛

问题1

这是什么动物的脚印？

问题2

这又是什么动物的脚印？

问题3

这是两种兔子的脚印，一种是灰兔的，一种是雪兔的。你能分辨出各自是谁的脚印吗？

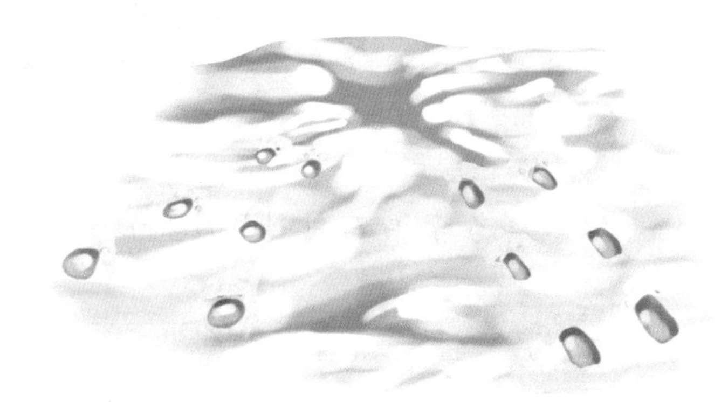

No.11

冬季第二月 | 1月21日到2月20日

忍饥挨饿月

·太阳进入宝瓶宫·

一年：12个月的欢乐诗篇——1月

1月——沉睡不醒月！用我们的话来说：它是一年的开始，冬天的中心！

进入新的一年之后，白天就像兔子跳高一样，猛然一蹿——变长了。

大地、森林和水——所有的一切，都被白雪覆盖起来了！

生命遇到危险的时候，会巧妙地佯装死亡。此时，花草树木都已凋零，暂时停止了发育和生长；动物们也都钻进了巢穴，有些陷入了沉睡。

可是，在这片死气沉沉中，却蕴藏着顽强的生命力，尤其是萌芽与绽放的力量。

草儿紧紧地贴着地面，伸出叶子裹住它们幼小的芽儿；松树和云杉把它们的种子紧紧地握在密不透风的球果里，保存得好好的。纤小的老鼠从窝里钻出来，在雪地上跑来跑去；而睡在深深的熊洞里的母熊，甚至产下了一窝小熊！

凋零
泛指花的凋谢，零落。

绽放
形容花开时由花蕾花瓣紧闭到展开的样子。

悦读链接

雪一定是白色吗

日常所见的雪都是白色的，我们也常用“皑皑白雪”来形容，好像雪的颜色就是白色的。那么有没有其他颜色的雪呢?

其实，雪也有彩色的。我国的西藏察隅、德国的海德堡和南极等地就曾下过红色的雪；我国内蒙古地区下过黄色的雪；北冰洋斯比兹尔下过绿色的雪；意大利挑罗台依和瑞典南部还下过乌黑的雪……

这些彩雪形成的原因都是掺杂了有颜色的物质。

给雪染色的主要“染料”是藻类，含有叶绿素的藻类呈绿色，含有红色素的藻类呈红色，含脂肪非常多的是黄色藻类。由于藻类自身较轻，再加上大风的作用，很容易飘向高空，当与空中的雪片黏合时，不同的藻类就将雪染成了不同的颜色。这种情况在寒冷地区比较多见。

至于不属于寒冷地区的彩雪，染料的来源则多种多样：海德堡的红雪是由于被风吹向空中的铁质混合物，混合在雪花中形成的；挑罗台依的黑雪是由许多黑色小虫黏附在雪上形成的；瑞典南部的黑雪则是白雪中混合了煤屑、粉尘形成的；内蒙古等地的黄雪则是因风沙刮进雪中形成的。

悦读必考

1. 给下列词语注音。

（　　）	（　　）	（　　）
凋零	黏稠	绽放

2. 仿照下面的句子，写一个比喻句。

进入新的一年之后，白天就像兔子跳高一样，猛然一蹿——变长了。

____

3. 你在冬天里是不是也不愿意起床呢？想象一下，如果人也会冬眠，那么世界会变成什么样子？

____

森林大事典

好冷啊，好冷啊

不管怎么样，1月还是个难熬的月份！冰冷的风在大地上横冲直撞，冲入光秃秃的树林，钻进鸟儿的羽毛，把它们的血液都冻僵了！到处都是白雪，这些可怜的小家伙，只能不停地跳着、飞着，想办法取暖。这个时候，谁要是有个暖和的巢穴，有间堆满食物的仓库，那它一定是世界上最幸福的了！它可以吃得饱饱的，然后把身子一缩，蒙起头来大睡。

横冲直撞

任意乱冲乱撞，毫无顾忌。

对于飞禽走兽来说，只要吃饱了，就什么都不怕了。一顿丰盛的食物可以使它们全身发热。那时，即使寒风透过皮毛，也不会伤害到它们了！可是，林子里空荡荡的，

飞禽走兽

泛指鸟类与兽类。

到哪儿去找吃的呀？真冷啊！真饿啊！

一只乌鸦发现了一具马的尸体，它“呱呱”地叫起来。不一会儿，飞来一大群乌鸦落下来，准备饱餐一顿。

这时，天已经黑了，月亮出来了。

突然，有谁在林子里叹了一口气：“呜……呜呜……”乌鸦扑扇着翅膀飞走了！一只雕鸮从林子里飞出来，落在马尸上。它张开钩子似的大嘴，刚撕下一块肉，忽然，雪地上传来一阵沙沙的脚步声。

雕鸮赶紧飞到了树上，一只狐狸出现在林边。可它还没吃饱，狼来了。

心满意足

做了某事或得到什么事物等，自己心情很愉悦，觉得满意。

狐狸逃进灌木丛，狼扑到马尸上，大口大口地吃起来。它吃得心满意足，喉咙里呼噜呼噜直响。

突然，一声怪叫从远处传来，狼立刻停住嘴，侧耳

听了听，便夹起尾巴，一溜烟逃走了。原来，是森林的主人——熊——出来了。

这回，谁也别想走近了！

直到黑夜将尽，熊才吃饱喝足，睡觉去了。这时，狼悄悄地走了出来。

它也吃饱走了。这次，出现的是狐狸。狐狸吃饱了，雕鸮又飞了过来。雕鸮吃饱了，又轮到了乌鸦。

天亮了，森林里又恢复了寂静，只有一点儿残羹冷炙留在雪地上。

残羹冷炙

指吃剩的饭菜。也比喻别人施舍的东西。

芽儿在哪里过冬

现在，所有的植物都处于昏睡状态。不过，它们早就准备好了芽儿，等待春天的到来。

可是，冬天，这些芽儿在哪儿过冬啊？

不用担心，它们当然有地方了。树木的芽儿，大多躲在高高的枝桠上过冬。而那些草的芽儿，也都有自己过冬的方式。比如林繁缕的芽儿，躲在枯茎的

叶脉里，而卷耳、石蚕草以及其他一些矮小的草，则将芽儿藏到了雪底下。这些芽儿，虽然样子不同，但都是在距离地面一点儿远的地方过冬。

可还有些芽儿,过冬的方法却是千奇百怪。比如艾蒿、牵牛花、金藤和立金花，它们的叶子早就腐烂了，可在紧挨地面的地方，你却可以看到它们的芽儿。

蒲公英、苜蓿、草莓的芽儿，也在地面上。不过，这些芽儿都有一层厚厚的绿色叶子包裹着。

另外，还有许多别的草，将芽儿藏在地面下过冬。如铃兰、鹤舞草、鹅掌草，它们的芽儿藏在地下的根状茎上；而野大蒜、野大葱的芽儿，则藏在鳞茎上。

不速之客

在饥饿难熬的岁月里，许多飞禽走兽开始往人们的住宅附近靠近，因为在这里比较容易找到食物。饥饿使它们忘记了恐惧。这些原本很胆小的小东西，变得不再怕人了。黑琴鸡和灰山鹑悄悄地搬到了打谷场和谷仓，兔子也“迁徙”到村边的干草垛。

迁徙

迁移。

有一天，在我们《森林报》的通讯员住的小木屋里，竟然飞进来一只荏雀。它的羽毛是黄色的，胸脯上长着黑色的条纹，白色的脸颊，看起来很纤巧。它丝毫不理会屋主人，径自飞到餐桌上，啄起上面的食物碎屑。

径自

凭自己的意愿行动。

我们的通讯员轻轻关上门，那只荏雀就这样被留在了小木屋里。没有人惊动它，也没有人喂它。可是，这个小家伙还是一天天胖了起来。屋子里有很多吃的东西：墙角里的蟋蟀、木板缝里的苍蝇、桌子上的饭粒和面包屑。吃饱喝足后，它就会躲进火炕后的裂缝里面呼呼大睡。

惊动
举动影响旁人，使吃惊或受侵扰。

几天后，屋子里的苍蝇、蟋蟀都被它啄光了。它开始啄起别的东西：书、小盒子、软木塞、刚烤出来的面包，不管什么东西，只要落到它的眼里，准会被啄坏。

我们的通讯员只好打开房门，把这位不速之客撵了出去。

不速之客
指没有邀请而自己来的客人，意想不到的客人。速，邀请。

和爸爸去打猎

一大早，我就起来了，跟着爸爸去打猎。雪地上有很多脚印，爸爸说："这脚印是刚留下的，离这儿不远肯定有只兔子！"

于是，爸爸叫我顺着脚印去找，他自己则留在那儿等着。我知道爸爸为什么要这么做。他告诉过我，要是兔子被人从藏身的地方撵出来，它会先兜个圈子，然

后再顺着自己的脚印往回跑。

我沿着兔子的脚印向前走去，不一会儿，我就把那只兔子给撵了出来。果然，它兜了个圈子，顺着自己的脚印往回跑去！我焦急地等待着，两三分钟后，传来一声枪响。我顺着枪声跑过去，爸爸正站在那儿，离他不远的地方，躺着一只兔子。我走过去，捡起那只兔子，和爸爸一起回家了。

焦急
指非常着急。

野鼠搬出森林了

现在，那些住在林子里的野鼠，它们的粮仓已经空了，为了躲避白鼬、伶鼬和其他食肉动物，也为了找到一些食物，它们搬出了自己的洞穴。

这会儿，大地上都是白雪，没有任何吃的东西。于是，它们开始向人们的谷仓转移。这个时候，你可要小心了，要保护好自己的粮食，别让这些坏家伙钻了空子！

躲避
指故意离开或隐蔽起来，使人看不见。

转移
改变位置，从一方移到另一方。

不服从法则的居民

现在，森林里所有的居民都在因为严寒而受罪。没办法，森林里的法则就是这样的：冬天，森林居民要做的就是千方百计逃过寒冷和饥饿的威胁，至于其他事，比如孵育下一代，想都不要想。夏天，天气暖和，食物也充足，那才是孵化雏鸟的时节。

千方百计
想尽或用尽一切办法来解决问题。

可是，在冬天，谁要是不怕冷，又有足够的食物，是不是就不用服从这个法则了?

我们的通讯员在一棵高大的云杉上找到了一个鸟巢。巢架在铺满积雪的树枝上，巢里铺着柔软的羽毛和兽毛，几个小小的鸟蛋安静地躺在里面。看来，真的有不服从法则的居民!

过了两天，我们的通讯员又来到那棵云杉树下。那时候，天冷得要命，他们穿着厚厚的大衣，戴着暖和的皮帽子，鼻子还是冻得通红。可是，当他们往巢里看时，发现里面的蛋已经没了，几只浑身赤裸裸的小雏鸟躺在那里，眼睛还是闭着的呢!

你可能会说：怎么会有这样的怪事呢?

其实，这一点儿也不奇怪。这是一对交嘴雀的巢，里面是它们刚出生的孩子。

交嘴雀是大多数人对它们的称呼，但在我们这里，大伙儿都喜欢叫它们“鹦鹉”。因为它们像鹦鹉一样，有一身颜色鲜艳的外衣。不过，雄交嘴雀的外衣是红色的，有深有浅；雌交嘴雀和幼鸟的外衣则是黄色和绿色的。另外，它们还喜欢在细木

交嘴雀

雀形目雀科鸟类，喜欢在鱼鳞云杉、臭冷杉林和黄花落叶松、白桦林中生活，经常结群游荡。

杆上爬上爬下，转来转去，这一点也和鹦鹉很像。

这种鸟，最大的特点就是既不害怕严寒，也不担心挨饿。

春天，所有的鸣禽都成双结对，选好各自的住宅，安顿下来,直到雏鸟出生。可交嘴雀却不这样。一年四季，你都可以看到它们成群结队，满树林乱飞，从这棵树到那棵树，从这片林子到那片林子，从来不会在一个地方耽搁很久。

鸣禽

鸟的一类，叫声悦耳，如伯劳、画眉、黄鹂等。

耽搁

延迟；延缓。

更奇怪的是，在这些流浪的鸟群里，无论什么季节，你都可以看到许多雏鸟夹在那些老鸟中间飞行。这时，你甚至会怀疑：它们是不是一边飞行一边孵化下一代的呢？

比这更奇怪的是交嘴雀的嘴，这张嘴上下交叉，上半片往下弯，下半片往上翘。它们所有的本领，都来自

于这张嘴；它们身上蕴藏的一切秘密，也都可以从这张嘴巴上找到答案。

蕴藏
蓄积，深藏未露。

小交嘴雀刚出生的时候，嘴巴也是直溜溜的，和其他鸟儿一样。可等它们长大一点儿，开始自己啄食球果里的种子了，它们那张嘴巴就渐渐弯曲起来，最后交叉到一起，而且，一辈子都不会再改变了。那么，这样的嘴巴有什么好处？你想想啊！用这张交叉的弯嘴巴把种子从球果里夹出来，是不是方便极了！

这样一来，为什么交嘴雀一辈子都在树林里流浪，你明白了吧？

因为它们要四处寻找食物，看哪儿的球果结得最多、最好，就飞到哪儿。比如今年我们这儿的球果丰收了，它们就来到我们这儿。如果明年，其他什么地方球果结得多，它们又会飞到那里。

那么，这些和它们在冰天雪地之中唱歌、舞蹈、孵育下一代又有什么关系呢？

冰天雪地
形容冰雪漫天盖地。

当然有关系了。冬天，到处都有球果，巢里又有的是柔软的羽毛、兽毛，它们为什么不歌唱、不孵育下一代呢？

所以我们要说，在寒冷的冬天，谁要是不怕冷，又有足够的食物，它当然可以不服从森林里的法则了！

对了，还有一件事要告诉你：那就是一只交嘴雀死后，它的尸体即使过上20年，也不会腐烂，就像是一具木乃伊！这是因为它们一辈子都是靠球果为食，而在那些球果里含有大量松脂。吃得久了、多了，那些松脂就会渗入它们的身体里。埃及人不就是往死者身上涂松脂，将它们变成木乃伊的吗？

木乃伊
一种干枯不腐烂的尸体。在古埃及，法老死后都要被制成木乃伊，以示对其尊敬。

狗熊找到的好地方

秋天的时候，狗熊在一座长满小云杉的山坡上，给自己找了个好住处。它先用脚爪抓下许多窄窄的云杉皮，运到山坡上的一个小坑里,在坑里铺上柔软的苔藓。接着，它又将小坑周围的云杉啃倒，盖在坑顶上。然后，它便钻进这个舒服的家里，睡着了。

可是，只过了不到一个月，它就被猎狗找到了。经过一番激战，它好不容易从猎人手下逃脱。但是，它还没睡着，又被猎人找到了。

苔藓
植物界中较原始的高等植物。植物无花，无种子，以孢子繁殖。

激战
很激烈的战斗。

于是，这只狗熊只好第三次藏起来。这回，它找到了一个好地方，谁也找不到了。

直到春天，猎人们才发现，这只熊竟然躲到了大树上！这棵树的树干，不知什么时候被暴风吹断了，就倒着长起来，形成了一个大坑。夏天，大雕曾经把树枝和茅草叼到坑里，孵完雏鸟后，大雕飞走了。谁知，这只熊竟然找到了这里，安稳地度过了一个冬天！

暴风
指猛烈而急速的风。

悦读链接

熊

熊身体粗壮，四肢强健有力，是力量的象征，很多人都害怕它。其实，熊性情温和，一般不主动攻击人或其他动物。但当它们认为自己或自己的幼崽受到威胁，或者食物、地盘被抢夺时，也会变得凶猛可怕，主动发起攻击。

熊也是杂食动物，多以肉食为主，它们会吃青草、嫩枝芽、浆果等充饥，也会捕捉鱼类、掏食鸟蛋、舔吃蜂蜜等。但是，在冬天，无论哪一种食物都不好找。如果食物充足，许多熊是不会冬眠的。当食物不足时，熊才会躲进洞中过冬。冬眠时，熊的体温约下降4℃，靠燃烧体内脂肪来补充能量。一有动静，它们就会从冬眠中醒来。

悦读必考

1. 比一比，再组词。

残（　　　）　经（　　　）　惜（　　　）

浅（　　　）　径（　　　）　猎（　　　）

2. 将下面的句子改成一个陈述句。

埃及人不就是往死者身上涂松脂，将它们变成木乃伊的吗？

____

____

3. 根据原文内容回答问题。

（1）到了冬天，那些飞禽走兽为什么要向人居住的地方迁徙？

____

（2）为什么交嘴雀的尸体几十年也不腐烂？

____

城市新闻

免费食堂

笸箩

用柳条或篾条等编成的器物，用来盛放粮食、生活用品。

这会儿，鸟儿都在挨饿受冻呢！好心的人们，准备了许多“免费食堂”：有的在自家的院子里摆上盛着谷粒和面包屑的笸箩；有的在窗台上挂满细线，上面拴上面包块或牛油。不久，那些青山雀、白颊鸟什么的，就会飞到这里来享用免费的食物了。

学校的森林角

现在，你无论到哪个学校，都可以看到一个森林角。这里有许多罐子、箱子和笼子，里面养着各式各样的动物，都是孩子们夏天郊游的时候捉来的。

各式各样
许多不同的式样或方式。

这会儿，孩子们可忙坏了！这么多的小动物，每一只都得让它们吃饱喝足，还要为它们准备好舒服的住宅，而且要看管好它们，防止它们逃跑。

在一个学校里，孩子们还给我看了他们的观察日记。

6月7日

今天，我们贴出一张宣传画，好让大家把捉来的动物全都交给值日生。

宣传
向人讲解说明；进行教育；传播；宣扬。

6月10日

屠拉斯带来了一只啄木鸟；米龙诺夫带来了一只甲虫；贾弗里诺夫带来了一条蚯蚓；雅克甫列夫带来了一只瓢虫；包尔切则带来了一只篱雀的雏鸟……

6月25日

我们到池塘边去郊游，在那儿，我们

蝾螈

有尾两栖动物，体形和蜥蜴相似，但体表没有鳞。

捉到了许多蜻蜓的幼虫。另外，我们还捉到了一只蝾螈，这可是一个稀奇的动物，正是我们所需要的。

我看到，每一页差不多都是这样的内容，有些孩子甚至还把捉到的动物描述了一番：

我们收集了许多青蛙，它们是我们的好朋友。青蛙有四只脚，每只脚上有四个趾头。它的眼睛乌黑发亮，鼻子是两个小洞，耳朵很大。

冬天，孩子们合伙从商店里买了好些我们这里没有的动物：乌龟、金鱼、天竺鼠。现在，森林角成了真正的动物园。为了见识更多的动物，各个学校还开展了交换活动。比如，一个学校养了许多鲫鱼，而另一个学校则养了不少兔子，于是，他们便进行了交换——四条鲫鱼换一只兔子。

上面这些都是低年级的孩子干的事。

至于那些高年级的孩子，有另外的组织——少年自然科学家小组。在列宁格勒，差不多每个学校都有这样的小组。在那儿，孩子们学习怎样观察动物和植物，怎样制作动物标本，怎样采集和制作植物标本。

每到暑假，小组的成员们还会乘坐各种交通工具，到离列宁格勒很远的地方去考察。每个人都有自己的工作，有的采集标本，有的捉小动物，有的寻找鸟巢，还有的捕捉蝴蝶、甲虫什么的。不但如此，他们还将自己的观察详细地记录下来。

钩钩不落空

你说奇怪吗？这时候，竟然还有人钓鱼！

其实，说起来也不奇怪，因为并不是所有的鱼都会冬眠。有许多鱼，即使在三九天也照样很精神！比如山鲶鱼，整个冬天都在游动，甚至还会产下鱼子！

在这个季节，最容易钓的是那些鲈鱼，但最难钓的，也是那些鲈鱼。容易是因为它们很好上钩，困难是因为它们的洞穴都很隐蔽，只能根据某些迹象才能判断出它们藏在哪里。

这些迹象总体来说有以下几点：

如果河道是弯曲的，那么在又高又陡的河岸下，准会有个深坑。冬天，鲈鱼成群结队地游到这里。如果是在清澈的湖泊或林中小河里，那么，在那些比湖口或河

迹象
指表现出来的不明显的现象。

成群结队
形容人或动物很多，自然地聚集在一起，后来也比喻团结一致。

口低的地方，也会有个坑，鱼儿就藏在那里。

找到这些地方后，你还要用铁锤在冰面上凿一个20 ~ 25厘米深的洞，再把缠在钓丝上的鱼钩伸到这个洞里，探探水有多深。然后再把钓钩不停地上下拖动。鲈鱼如果看到这个钓钩，就会一个纵身扑上去，将鱼饵和鱼钩一起吞下去。

纵身

全身猛力向前或向上（跳）。

不过，这个方法只能钓鲈鱼，如果你想钓山鲶鱼，就得准备好冰下捕鱼器了。所谓冰下捕鱼器，就是一面短短的立网，也就是在一根绳子上竖着系几根绳子，每根绳子之间大约相距60 ~ 70厘米。再在这些绳子的一头拴上一个坠子，上面挂些小块的鱼肉当饵，垂到水底。接着在那根横向绳子上绑根棍子，横卡在冰窟窿上。随后，你就可以回家了，第二天早上再来。那时，你只要把棍

立网

垂直悬挂在支架上的网。

子提起来，就会看到绳子上挂着一条很长的大鱼，扁扁的身子布满斑纹，下巴上还长着胡子，这就是山鲶鱼。

悦读链接

鲶鱼和鲢鱼

鲶鱼和鲢鱼名字相近，它们是不是同一种鱼呢?

鲶鱼属鲶形目鲶科，特点是嘴边长有像胡须一样的触须。所有的鲶鱼上颚上方都有一对触须，有的嘴边还有一对，有的下颚还有一对。鲶鱼没有鱼鳞，表皮赤裸或者覆盖着骨质的盾片。多数种类栖息在淡水中，广泛分布于世界各地，以鱼虾和水生昆虫为食。

鲢鱼则属于鲤形目鲤科，特点是性情急躁，善于跳跃。再加上这种鱼两侧及腹部均为白色，所以又有白鲢、白跳的俗称。鲢鱼的食性也和鲶鱼不同，幼年以浮游生物为食，成年以浮游藻类为食。

悦读必考

1. 仿照下面的句子，用关联词“如果……那么……”造句。

   如果是在清澈的湖泊或林中小河里，那么，在那些比湖口或河口低的地方，也会有个坑，鱼儿就藏在那里。

   ____

2. 根据原文内容回答问题。

   （1）学校里的孩子们在观察日记中都写了哪些动物？

   ____

（2）为什么冬天还有人钓鱼？

狩　猎

冬天，是猎杀那些猛兽——狼、熊的好时候。这时，正是森林里饥荒闹得最厉害的时节，狼饿得胆子都大了，成群结队地跑到村子外游荡，伺机拖走一只肥羊或一头小牛。熊呢，大多数躲在洞里睡大觉，但还有些在森林里游荡。这些“游荡熊”，在冬天来临前，专靠偷抢过日子，根本没有做好冬眠的准备。现在，它们断了粮，也只好打那些牲畜的主意了。

伺机
窥伺时机。

猎杀这些猛兽，可不像打飞禽那么简单，常常会发生意外——猛兽没被猎人打到，猎人反倒被猛兽伤了。在我们列宁格勒，就曾经发生过这样的事。

带着小猪崽去打狼

狼进到村子里，拖走了许多家畜。人们想出了很多办法，但每天还是会有家畜丢失。

一个猎人不服气了。他把一匹马套在雪橇上，又将一只小猪崽塞进麻袋，放到雪橇上，然后在一个月圆的夜晚，他赶着雪橇出了村子。

任何一个有经验的猎人都知道，一个人不带伙伴，三更半夜到野外去狩猎，那是多么危险。但这个胆大包天的家伙，就这样出发了。

胆大包天
形容胆量极大（多用于贬义）。

他驾着雪橇，沿着森林边缘，向荒地走去。他一手拉着缰绳，另一只手不时地扯一下小猪崽的耳朵。那只小猪崽四条腿都被捆着，只露出个脑袋。它拼命

缰绳
牵牲口用的绳子。

地叫着，这正是猎人所希望的，狼很快就会被招来。

果然，没多久，林子里亮起了一盏盏绿色的小灯笼，那是狼的眼睛。它们在黑黝黝的树干间不停地游移着，一会儿到这儿，一会儿到那儿，猎人手里的枪使它们不敢靠得太近。

黑黝黝

形容光线昏暗，看不清楚。

可是，小猪崽太诱人了！它们观察了一会儿，终于忍受不了诱惑，从林子里蹿出来，向雪橇扑去！

月光下，猎人看得很清楚，一共有八只狼，每一只都壮壮实实的！猎人放开小猪崽的耳朵，抓起枪，对着距离自己最近的那只狼扣动了扳机！

那只狼在雪地上滚了几下，不动了！猎人又把枪对准了第二只狼，这时，马突然向前一冲，这一枪打空了！猎人抓住缰绳，好不容易才把马控制住。再看那些狼，早就蹿进树林里，跑得没影了！

控制

掌握住对象不使任意活动或超出范围，或使其按控制者的意愿活动。

猎人放下枪，走下雪橇，去捡那只死狼。

天亮时，村子里的人发现猎人的马拖着雪橇跑回来了。在宽宽的雪橇上，丢着一支没有装弹药的双筒猎枪和一只装在麻袋里的小猪崽，猎人却不知道去了哪里。

人们跑到林子里。在雪地上，人们

看到了许多骨头——有人的，也有狼的！每个人都明白了。

事情是这样的：猎人把死狼扛在肩上，朝雪橇走去。当他快走到雪橇跟前时，马闻到了狼的气味，吓得拖着雪橇飞奔而去。

猎人带着一只死狼，孤零零地留在林子边缘，他身上连一把刀都没有，猎枪也留在了雪橇上。

孤零零
孤单；孤独；无依无靠。

这会儿，那些被吓跑的狼都返回来了，它们冲过去，将猎人团团围住。

这件不幸的事情，发生在60年前。从那以后，我们这儿再也没有出现过这样的事情。

其实，狼如果没有发狂，也没有受伤，是不会主动攻击人的。

不幸的事

有一次，一个猎人在猎熊的时候，发生了一件非常不幸的事。

一个护林员发现了一个熊洞，于是，他从城里请来了一位猎人。他们带着两只北极犬来到一个大雪堆前，熊就睡在这个雪堆底下。猎人按照打猎的常规，站在雪堆一边。通常，熊从洞里蹿出来的时候，总是向南侧跑，猎人站在雪堆边，就可以准确地将枪弹射进它的心脏。

常规
经常实行的规矩或规定。

看猎人都准备好了，护林员撒开了两只猎狗，自己则躲到了雪堆后面。猎狗狂吠着，朝雪堆冲过去！随着它们的叫声，一只巨大的黑色手掌从雪堆里伸了出来，紧接着，一个黑影从洞里蹿出来！可这一次，它并没有蹿向一旁，而是直接朝猎人扑过去了。它把猎人撞了个四脚朝天，然后伸开巨大的手掌，朝猎人的头上抓去！

四脚朝天

形容仰面跌倒。四脚，指四肢。

这个时候，那个护林员早就吓呆了，他一边高声喊叫，一边挥舞着手里的猎枪。可是他没法开枪，因为枪弹可能会打到猎人身上！

突然，那只熊嘶吼着打起滚儿来，一把短刀扎在它的肚子上！我们不能不说，这是一个沉着的猎人，他虽然被熊扑在地上，但还是伺机把短刀扎进了它的肚皮！

沉着

镇静；不慌不忙。

不管怎么样，猎人的命总算保住了。只是现在，在他的头上总是包着一条暖和的头巾。

猎 熊

1月27号，塞索依奇从森林里出来后，并没有回家，而是径直去邮局发了一封电报。电报是发往列宁格勒的，收信人是塞索依奇的一个朋友——一位医生，也是一个猎熊专家。电报的内容是这样的：发现熊洞，速来。

电报
利用电流（有线）或电磁波（无线）做载体，通过编码和相应的电处理技术实现人类远距离传输与交换信息的通信方式。

第二天，回电来了：2月1号，我们准到。

在这期间，塞索依奇每天都会到熊洞察看。这会儿，熊睡得正香。洞口的小灌木上，每天都结着一层霜花，那是熊呼出来的热气形成的。

1月30号，在从熊洞回来的路上，塞索依奇碰到了安德烈和谢尔盖，他们是去森林里猎灰鼠的。塞索依奇本来想告诉他们，不要到熊洞旁去。可转念一想，他又改变了主意：这两个小伙子对什么事都很好奇，要是让他们知道了，说不定反倒更想去看呢。于是，塞索依奇闭上嘴，没说话。

照例
按照惯例；按照常情。

31号早晨，塞索依奇照例来到熊洞旁。可是，他立刻惊叫起来："熊洞被捣毁了，熊也不见了！"在距离熊洞50步远的地方，一棵松树倒在地上。塞索依奇马上明白了：一定是安德烈和谢尔盖！

他们打死了一只灰鼠，结果，灰鼠被挂在树枝上，于是，他们就砍倒了松树。熊被松树倒地的轰隆声吵醒，跑掉了！

塞索依奇看到：在松树的一边，是两条滑雪板的印迹，在另一边，则是熊的脚印！很明显，两个猎人并没有发现熊。塞索依奇一会儿也没耽搁，立即顺着熊的脚印追了下去。在一片小树林里，熊的脚印消失了。塞索依奇围着树林转了一圈，便回家了。

第二天晚上，三位客人来到塞索依奇家。他们一个是医生，塞索依奇的朋友；另一个是位上校，他也见过；第三位是一个没见过面的中年人，身材魁梧，留着两撇油亮的胡须。第一眼见到他，塞索依奇就不太喜欢他。

魁梧
(身体)强壮高大。

“瞧他那副神气劲儿！”塞索依奇一边打量着这位客人，一边想：“看样子年纪不小了，可还是红光满面，活像只好斗的公鸡！”

不过，让塞索依奇感到最难堪的是，要在这位庄严的客人面前承认自己的疏忽——把熊看丢了！

难堪
发窘；为难。

疏忽
粗心大意；忽略。

“还好，我已经找到了它藏身的那片小树林。树林里没有出来的脚印，它肯定还在那里。”塞索依奇说。

听了这话，陌生的客人皱了皱眉头，说：“那只熊大不大？”

“至少有200公斤，我敢保证！”塞索依奇回答。

陌生的客人轻哼了一声，说道：“说是请我们来掏熊洞，结果，熊却跑了！这回好了，变成围猎了！唉，还不知道围猎的人会不会把熊往猎人面前撵呢！”

这话刺痛了塞索依奇，他暗暗地想：“撵是没问题。只是你要留点儿神，别让狗熊把你撵跑了！”

这会儿，上校和医生已经坐下了，四个人开始讨论围猎的计划。

“打这样的野兽，每个猎人的后头，最好再跟个后备猎手！”塞索依奇提醒道。

陌生的客人轻蔑地看了塞索依奇一眼，说：“谁要是不相信自己的枪法，就不该去围猎！打猎的后面还跟着个保镖，没听过！”

“胆子可真大！”塞索依奇心想。不过，他还没开口，上校就说话了：“小心点儿总不会错的。”医生也点头表示同意。

“随你们的便！”陌生的客人不屑地撇了撇嘴说。

第二天，天还没亮，塞索依奇就叫醒了三个猎手，接着便出去召集围猎的人。

轻蔑

轻看，蔑视。指不放在眼里，瞧不起别人的意思，含贬义。

不屑

认为不值得（做）。

当他再回来时，那个陌生的客人正从一个覆盖着绿丝绒的箱子里往外拿枪。那是一杆双筒猎枪。看到这支枪，塞索依奇的眼睛都亮了：这么好的枪，他还从来没见过呢！

摆弄

反复波动或移动。

陌生的客人并不看塞索依奇。他一面摆弄着自己的枪，一面和上校聊天，说他的枪多么精致，他的枪法多么厉害，又说他是如何在高加索打野猪，又是怎么在远东打老虎的。

羡慕

看见别人有某种长处、好处或有利条件而希望自己也有。

塞索依奇虽然脸上不动声色，但心里却羡慕得不得了。他真想挨近一点儿，好好儿瞧瞧那支枪。不过，他最终也没有开口，请陌生的客人把枪借给他看看。

天微微发亮了。一队雪橇从村子里出来，直奔树林。塞索依奇坐在最前面的雪橇上，后面是40个围猎人。三个猎手跟在最后边。

在距离小树林一千米远的地方，队伍停了下来。塞索依奇踏上滑雪板，悄悄滑到树林边，还好，没有熊出林子的脚印。于是，他返回去，布置围猎的人。

呐喊

大声呼喊。

围猎熊，可不像围猎兔子。呐喊人并不进树林子，而是围站成一排。那些不呐喊的人，则挨着他们一直站到狙击线旁，围成一个半圆。这样的话，如果熊被呐喊人赶出来，他们就会挥动帽子，将熊赶到狙击线那边。

不一会儿，围猎的人布置好了。塞索依奇这才跑到猎手那儿，领他们去拦击的地点。拦击点共有三个，大概隔着二三十步。塞索依奇得负责把熊赶到这条只有100来步宽的通道上。

拦击
在中途拦住并打击。

医生被安排到第一号拦击点，上校被安排到了三号，那个陌生的客人则被安排到了二号。在那儿，有熊进入树林的脚印，熊应该会从那儿出来。因为它从藏身的地方出来的时候，大多是顺着自己原来的脚印走的。

安德烈站在那个陌生客人的身后。这个年轻的猎人，担任的是陌生客人的后备。

号角
由兽角、木头或铜做成的信号工具。在战场上吹响号角，有发号施令或提高士气、壮大声势的作用。

所有的猎手都穿着灰色的罩衫。塞索依奇又嘱咐了一遍："听到呐喊人的喊声时，先不要动，要尽可能地让熊再走近些。"说完这些，他这才转身朝围猎的人走去。

半个小时后，林子外响起围猎的号角，随着这号角声，围猎人一起呐喊

起来。这时，塞索依奇已经踏上了滑雪板，和谢尔盖一道飞也似的滑进树林，去撵熊了。

这也是围猎熊的独特地方：必须有人将熊从它藏身的地方撵出来，让它朝猎手的位置跑去。

早些天，塞索依奇已经通过脚印得知，那是一只很大的熊。可是，当看到那个巨大的黑色脊背时，他还是忍不住打了个哆嗦。随后，他朝天放了一枪，和谢尔盖两个人一起高喊起来："来啦！"

紧接着，他跟在熊的后面撵过去，想将它撵到猎手站立的位置，可一切都是白费劲，在深入膝盖的雪地上，想要追到熊，根本就不可能！不一会儿，那熊就从塞索依奇的视线里消失了！所幸，没过两分钟，塞索依奇便

哆嗦

因外界刺激而身体不由自主地颤动。

视线

看东西时眼睛与目标之间的假想直线。比喻注意的方向、目标。

听到了一声枪响！他使劲儿抓住距离自己最近的一棵小云杉，才让脚下的滑雪板停了下来。

围猎结束了吗？熊呢？打死了吗？

塞索依奇正在猜想，第二声枪响了！接着是一声凄惨的嚎叫。塞索依奇拼命地向前滑去！当他跑到中间那个拦击点的时候，看到上校、医生和安德烈，正抓着熊皮，将熊从那个陌生客人的身上抬起来。

猜想
猜测、猜度。

事情是这样的：

熊被塞索依奇和谢尔盖撵出来，顺着自己的脚印径直冲向第二个拦击点。本来，这个时候，猎手应该沉住气，等熊距离拦击点十几步的时候再开枪。可是，那个陌生的客人一看到熊，立刻慌了神，在熊距离他还有六七十步的时候便开枪了，子弹打在了熊的后腿上。这个大家伙，顿时发起狂来，吼叫着朝开枪的人扑去！陌生的客人更慌了，竟然忘了自己的枪里还有子弹，把枪一扔，转身就跑。这时，熊已经到了，它使出浑身的力气，朝陌生客人的后背拍去！这一回，安德烈，这个后备猎手表现出了惊人的胆量，他沉着地把自己的猎枪杵进熊的嘴巴里，扣动了扳机。谁知，猎枪竟然没响！情况危在旦夕！这时，第二声枪响了！是上校发出的！随着这声枪响，熊整个跳起来，在空中停了一小会儿，便轰隆一声掉下来，像一座小山，压到了陌生客人的身上。

顿时
立刻。

危在旦夕
形容危险就在眼前。旦夕，早晨和晚上，形容时间短。

上校的子弹打中了熊的太阳穴。这个大家伙，立即就送了命！

这时，医生也跑过来，他和上校、安德烈三个人用力抓住死熊，想把它挪开，把它身底下的猎手救出来。塞索依奇就是在这个时候赶到的。他急忙冲上去，帮忙一起拉。

巨大的熊尸被挪开了，大家把陌生客人搀起来。他还活着，但脸色像纸一样苍白！他低着头，原先的神气早就消失不见了！

苍白

白而略微发青；灰白。

大家把他扶上雪橇，送回了村子。在村子里，他歇了一会儿，定了定神，便拿着熊皮走了。不管医生怎么劝他多待一宿，他也不听。

“这回我们可失算了！”塞索依奇讲完这件事，又若有所思地加了这么几句，“真不该叫他把那张熊皮拿走。这会儿，他肯定拿着那张熊皮到处夸口，说他是如何帮我们除掉这只熊的！”

失算

没有算计或算计得不好；谋划不当。

悦读链接

狩猎的发展史

原始社会生产方式极为落后的时期，人类不得不想尽各种方法猎取野兽作为食物，兽皮还可以作为衣服御寒。所以，狩猎在原始社会是极其重要的。同时，有些狩猎活动还起到了祭祀神灵祖先的作用。

而当农业及畜牧业逐渐发展至足以满足人类需要的时候，狩猎就有了多方面的意义。比如在古代中国，狩猎可以练兵、娱乐，甚至起到选拔人才的作用。

但是，随着人类社会的发展，人们日益认识到保护野生动物的重要性，于是许多国家都制定了相应的起保护作用的法律，许多狩猎行为为法律所禁止。

悦读必考

1. 写出描述下面动物叫声的拟声词。

狗——（　　　）　猫——（　　　）　老鼠——（　　　）

2. 将下面的话改为转述句。

“还好，我已经找到了它藏身的那片小树林。树林里没有出来的脚印，它肯定还在那里。”塞索依奇说。

____

____

3. 根据原文内容回答问题。

（1）人们管哪一种熊叫“游荡熊”？

____

____

（2）最终是谁打死了熊？

____

____

No.12

冬季第三月 | 2月21日到3月20日

忍受残冬月

·太阳进入双鱼宫·

一年：12个月的欢乐诗篇——2月

2月——冬季的最后一个月，也是最可怕的一个月！狂风卷着暴雪在地上奔跑，所有的野兽都在消瘦！秋天攒下来的脂肪，已经消耗完了；地下仓库的存粮，也都见了底儿！

消瘦

体重减轻，变瘦。

白雪，这个本来帮助野兽保暖的朋友，现在却变成了催命的敌人！白天，它们还是松松软软的，于是，那些山鹑啊、榛鸡啊、琴鸡啊，一头扎进深雪里，准备在那儿过夜。可晚上到了，寒气袭来，雪面上冻了一层冰壳。这时候，就是你把脑袋撞扁了，也休想从下面钻出来！

咬牙熬下去

这是森林年里的最后一个月，也是最艰难的一个月。所有林中居民的存粮都差不多吃光了。那些因为饱食了一个秋天而养得肥肥胖胖的走兽，也都变得虚弱不堪。它们身上那层厚厚的脂肪已经不见了。长期饥寒交迫的生活，耗尽了它们的体力，现在，它们走起路来摇摇晃晃，皮毛也失去了光泽。

虚弱

身体不结实，疲弱无力。

饥寒交迫

衣食无着，又饿又冷。形容生活极端贫困。

还有狂风，它夹杂着暴雪满林子乱撞乱窜，好像故意和它们为难。没有办法，这个冬天只剩下一个月的生命了，它要抓紧这最后一个月展现它的威严。因为，只要春天一露头，它就要收拾东西回去了！

威严

威风和尊严。

可现在还不是时候，天气仍旧一天比一天冷，森林里到处都是冻僵的尸体。甲虫、蜘蛛、蜗牛、蚯蚓，它们是被狂风从藏身的地方刮出来的！还有那些小兽，风吹毁了它们的巢穴，吹掉了原来盖在它们身上的雪被，吹僵了它们的血液，它们就这样倒在了冰冷的寒风里！还有乌鸦，它们是多么坚强的鸟啊！可在长长的暴风雪之后，你会发现，它们也冻死在雪地里。

我们不禁有些担心：这些在饥寒交迫中挣扎的飞禽走兽，能不能熬到天气转暖？

挣扎

用力支撑。

为此，我们的通讯员走遍了整座森林。在冰底下的淤泥里，他们看到了许多青蛙。这些小家伙看起来就像是玻璃做成的，只要轻轻一碰，细细的小腿儿就“咔吧”

一声折断了。

可是，当我们的通讯员把它们带回家，放到温暖的盒子里后，不一会儿，它们慢慢苏醒过来，一天后就能在地上活蹦乱跳了。看来，只要等到春天，太阳把冰晒化，把水变暖，它们恢复健康是没有问题的。

活蹦乱跳
形容活泼、欢乐、精力旺盛的样子。

滑若镜子的冰地

长期的严寒之后，太阳露头了。地上的雪变得蓬松起来。一群灰山鹑落在这蓬松的雪地上，毫不费力地就为自己刨出了几个温暖的洞，然后，它们一头钻进洞里，睡着了。

毫不费力
一点也不花费力气，比喻事情非常轻松就能解决。

半夜，天又突然变冷了。融化的雪水重新被冻成冰壳，又硬又滑，好像一面坚实的镜子。这会儿，灰山鹑正缩在温暖的地下洞穴里，睡得正香呢。

第二天早上，灰山鹑睡醒了，真暖和，只是有点儿喘不过气来。还是起来吧，到外面去透透气，找点儿吃的。可是，有什么在头顶上啊？硬硬的、光光的，原来是一层冰壳！灰山鹑着急了，伸出小脑袋，使劲儿向冰壳撞去，直到撞得头破血流！这也没办法，总得冲出这个冰壳子啊！

头破血流
头打破了，血流满面。多用来形容惨败，也比喻受到打击的狼狈相。

唉，这会儿，谁要是能逃出这个冰做的牢笼，哪怕是饿着肚子，也是幸运无比的！

瞌睡虫

在托斯那河沿岸，靠近十月铁路的萨勃林车站，有一个巨大的岩洞。早年，人们曾在这里挖过沙子，可现在，那儿已经人迹罕至了。

人迹罕至
很少有人到的地方。迹，足迹，脚印。罕，稀少。至，到。

那天，我们的森林通讯员走进这个洞穴，发现洞顶上有许多蝙蝠。它们头朝下，脚朝上，爪子紧紧地抓住粗糙不平的洞顶，整个身子藏在巨大的翅膀下，睡得正香，它们已经睡了5个月了。

蝙蝠睡了这么长的时间，让我们的通讯员有些担心。于是，他摸了摸这些蝙蝠的脉搏，还为它们量了量体温。夏天，蝙蝠的体温和我们人类的一样，也是37℃左右，脉搏是每分钟200次。可现在，我们的通讯员发现，它

们的体温只有5℃，脉搏每分钟也只有50次。

尽管如此，在它们的身上，生命的迹象却依然强烈，它们只是在昏睡。只要再昏睡一个月或是两个月，它们就会醒来的。

昏睡
昏昏沉沉地睡。

轻装上阵

今天，在一个僻静的角落里，我发现了一棵款冬。天气这么冷，它的衣裳却非常单薄——鳞状的小叶片，蜘蛛丝一样的绒毛，茎秆上竟然还顶着一朵小花儿！

僻静
偏僻清静。

你或许会感到奇怪：到处都是雪，哪儿来的款冬呢？

别着急，我不是说了吗？是在一个僻静的角落里。具体地点是一座大楼的南墙底下，而且是在暖气管子通过的地方。在那儿，一点儿雪也没有！

透透气儿吧

天气只要稍微暖和一些，森林里的雪底下就会爬出来许多虫子——蚯蚓、海蛆、蜘蛛、瓢虫，还有叶蜂的幼虫。它们往往选择去那些风吹不到的角落，活动活动腿脚，或是找些吃的。

不过，只要寒气一来，它们立刻就会躲的躲，藏的藏，消失得无影无踪。

无影无踪
没有一点踪影。形容完全消失，不知去向。

从冰窟窿里探出来的脑袋

一个渔夫正走在涅瓦河口芬兰湾的冰面上。当他路过一个冰窟窿的时候，看到里面探出来一个脑袋，油亮油亮的，还稀稀疏疏地长着几根胡子。

渔夫吓了一跳，还以为是哪个溺水而死的人呢！不过马上他就知道自己错了，因为那个脑袋突然转过来——紧绷绷的脸皮、光闪闪的绒毛、亮晶晶的小眼睛直直地盯着渔夫！原来是一只海豹！

溺水

人淹没于水或其他液体介质中并受到伤害。

平时，海豹总是待在水底下，只有想喘口气的时候，它们才会把脑袋探出水面一会儿。

解除武装

现在，麋鹿的犄角已经脱落了，是它们自己弄下去的——它们找到一棵大树，低着头，将犄角在树干上蹭呀蹭呀，犄角就掉了。

有两只狼正好看到这一幕。它们互相看了一眼，决定向这只已经没了武器的“林中大汉”发起进攻。在它们看来，这只麋鹿已经是它们的口中餐了。

果然，战斗一会儿就结束了，只是结果出人意料。麋鹿抬起两条结实的前腿，踢碎了一只狼的脑袋，然后一个转身，将另一只狼也踢倒在地。那只狼挣扎了半天，才爬起来，逃进了林子。

出人意料

（事物的好坏、情况的变化、数量的大小等）出于人们的意料；在人们的意料之外。

喜欢冷水浴的小鸟

在一条小河边，我们的通讯员看到了一只黑肚皮的小鸟。

那天早上，天冷得可怕！我们的通讯员不得不三番五次地捧起雪来，摩擦冻僵了的手和冻得发白的鼻子。

因此，当他看到那只小鸟兴高采烈地在冰面上唱歌时，不禁感到非常奇怪。

兴高采烈

原指文章旨趣很高，文辞犀利。现指兴致高，情绪激烈。采，神采，精神。烈，热烈。

于是，他走近了些，想看个仔细。谁知，那只小鸟蹦了个高儿，然后一个猛子扎进了冰窟窿。

“这下坏了！它会被淹死的！”我们的通讯员嘀咕着，跑到冰窟窿旁，想救起这只发了疯的鸟儿。

可他看到了什么？那只小鸟正挥动着翅膀，不慌不忙地划着水。黑色的脊背映着雪白的冰面，好像一条银鱼。只见它在水面上划了几下，便一个猛子扎到河底。过了好一会儿，它才从另外一个冰窟窿里钻了出来，跳到冰面上，又若无其事地唱起歌来。

若无其事

好像没有那回事似的，形容遇事沉着冷静。

“难道这里连着温泉？”我们的通讯员想着，把手伸到了小河里。可是，他马上又把手抽了出来：河水冰冷刺骨，他的手好像都要被冻掉了！

这时，我们的通讯员才明白：他面前这只小鸟是河乌。它们和交嘴雀一样，也不服从自然法则。不过，它们的秘密在于羽毛上那层薄薄的脂肪。它就像一件防水雨衣，将冷水全都隔绝在羽毛外面。

稀客

很少来的客人。

在我们列宁格勒，河乌是稀客，只有冬天才会来。

在水晶宫里

现在，再让我们来看看鱼儿的情况吧。

水晶宫

传说中龙王居住的地方，由水晶建成，故名水晶宫。

整个冬天，它们都躲在河底的深坑里，呼呼大睡。河底下又舒服，又暖和，头上还有一层厚厚的冰盖，简直就像住在水晶宫里！

不过，如果到了 2 月份，它们大多会醒来一次——因为水底的空气不够了。它们必须浮到冰面下，凑到冰窟窿底下，吐几个泡泡，呼吸几口新鲜空气。

因此，如果你们那里有池塘或沼泽，里面又住满了鱼，你一定要记得在冰面上凿几个冰窟窿，留着给鱼呼吸，否则它们会被闷死的！

雪底下的生命

在漫长的冬天，望着白雪覆盖的大地，或许每个人都会想：在这下面，在这白雪的海洋里，有没有什么活的东西？

为此，我们的通讯员来到森林里、田野中，挖去了一块儿白雪，露出了下面的土地。在那儿，他们看到了许多出乎意料的东西——各种各样绿色的小叶子、尖尖的小嫩芽！

辨别

根据不同事物的特点，在认识上加以区别。

我们的通讯员仔细辨别了一下，发现有草莓、蒲公英、荷兰翘摇、狗牙根，它们全都绿油油的。

另外，在雪坑的四壁上，我们的通讯员还发现了许多圆圆的小窟窿，这是那些小兽的交通道。冬天，它们就藏在这厚厚的雪底下，大吃大嚼，吃饱喝足后就倒头大睡。

春天的预兆

虽然天气还是很冷，但春天的迹象已经显现出来了。

积雪不再像从前那样白皑皑的了，而是变成了浅灰色，上面还出现了蜂窝状的小洞。挂在屋檐上的小冰柱却在逐渐变大，每天，这些小冰柱上都会滴答滴答地往下流水，地上出现了许多小水洼。

太阳出来的时间越来越长，阳光也越来越暖和；天空不再是那种青白的、冷飕飕的颜色，而是一天比一天湛蓝；天上的云彩也洗去了那层灰蒙蒙的颜色，开始变白、分层。

太阳一出来，窗外就会响起山雀那快乐的歌声——“斯克恩！舒尔克”，让人感受到春天的气息。夜晚，猫儿开始在屋顶上开音乐会，当然还伴随着打闹与争吵。

林子里，说不定什么时候就会发出一阵欢天喜地的鼓声，那是啄木鸟在“咚咚”地敲着树干！云杉和松树的下面，还有许多积雪。但在这雪地上，不知是谁画了许多神秘的符号和莫名其妙的图案！

> 莫名其妙
> 没有人能说明它的奥妙（道理），表示事情很奇怪，使人不明白。

如果有猎人看到这些符号和图案，他们的心肯定会激动地跳起来。因为这正是森林里有名的大胡子——松鸡的痕迹。是它们用那有力的翅膀在雪地上画下了印记！不久，它们就要交配了，林中音乐会也马上就要开始了！

春天，正一步步临近！

悦读链接

麋　鹿

麋鹿的头部和脸部看起来像马，雄性角多分叉像鹿，颈部像是骆驼，而尾部又像是驴，因此麋鹿又得名为“四不像”。

麋鹿的体型较大，体长约1.7~2.1米，成年的雄性麋鹿的体重可达250千克左右。

和鹿相比，麋鹿角的形状比较特殊，不像其他鹿那样有眉叉，而是角干直接在角基上面分开前后两枝，每一枝再延伸分叉，最长的角能够达到80厘米左右。雌性麋鹿没有角，体型也相对较小。

另外，麋鹿的颈部和背部都很粗壮，四肢也比其他鹿类粗大。麋鹿的主蹄多肉，比较宽大且能够分开，行走时能够发出响亮的磕碰声。

最明显的是它们那长长的尾巴，最长可达50厘米，一直拖到接近地面的脚踝部位，麋鹿经常用尾巴驱赶蚊蝇，以此适应它们生活的潮湿的沼泽环境。

麋鹿原产于中国长江中下游沼泽地带，清朝时期中国的野生麋鹿已经宣告彻底灭绝了。八国联军进北京时，饲养在皇宫内苑的麋鹿也或被盗抢，或死亡。1983年，英国将22头麋鹿赠予中国，并繁育成功，这个阔别祖国近百年的“游子”才算是回到了家乡。

悦读必考

1. 将下面的反问句改为陈述句。

别着急，我不是说了吗？是在一个僻静的角落里。

____

2. 根据原文内容回答问题。

（1）冬天，蝙蝠飞到哪里去过冬？

____

____

（2）喜欢洗冷水浴的小鸟是什么鸟？

城市新闻

修补和重建

现在，在城市里，到处都在忙着修整房屋，新建住宅。

张罗
筹划料理，安排。

老乌鸦、老麻雀、老鸽子，都在张罗着修理去年的旧巢；那些今年夏天才出生的年轻一代们，则忙着为自己修建一个新家，为孵育下一代做准备。

鸟儿们的巢各式各样，制作材料也各不相同，有树枝的，有羽毛的，有稻草的，还有马鬃的，每一个看起来都是暖暖和和的。

在大街上打架

在城市里，同样也能感到春天的临近。

理会
注意（多用于否定）。

麻雀在街上乱啄乱咬，一点儿也不理会过往的行人。鸽子挤在马路当中，啄食人们撒给它们的米粒和面包屑！

每天夜里，屋顶上总会有猫在打架，经常会有被打

败的猫从大楼顶上摔下去。不过，不用担心，它们不会摔坏的，顶多摔得跛几天而已。

给鸟建食堂

三合板
常见的一种胶合板，是将三层薄木板按不同纹理方向粘在一起制成的。

冬天，在我们这里，那些鸟经常会挨饿。于是，我和同学舒拉决定为它们建造一座食堂。

在我家附近有许多树，经常有鸟儿飞到那里找吃的。于是，我们就把食堂建在了那儿。食堂是用三合板做成

的浅木槽，每天早上，我们都会往木槽里撒上谷粒或面包屑。

现在，每天会有很多鸟来这儿吃东西。

我们建议，全国的孩子都行动起来，为鸟儿建造食堂，帮助这些“小朋友”。

城市交通新闻

大街拐角的一座房子上，有这样一个记号：一个圆圈，中间有个黑色的三角形，里面画着两只雪白的鸽子。它的意思是“当心鸽子”。因为在这条大街上，经常会有成群的鸽子，漫步、吃东西。

漫步
指无目的地、悠闲而轻松自在地慢慢走动。

在大街上竖立牌子，提醒过往的司机注意路上的鸟儿。这个建议最初是由一个女学生——托娘·戈尔吉娜提出来的。现在，在我们国家的许多大城市里，你都可以看到这样的牌子。市民们经常在这些牌子附近喂鸽子，欣赏这些象征和平的可爱小鸟。

返回故乡

我们《森林报》编辑部收到了从世界各地寄来的信件。有埃及的、地中海的、伊朗的、印度的，还有英国的、法国的、德国的和美国的。信中说：那里的鸟儿已经动身返回故乡了。

动身
启程，上路，出发。

它们不慌不忙地飞着，一寸又一寸地占领着从冰雪下解放出来的大地和水面，等冰消雪化、江河解冻的时候，它们就会到家的！

雪底下的童年

今天是个融雪天，我到外面去挖栽花用的泥土，顺便看了看我的小菜园子。在那儿，我种了好些繁缕。

你们知道繁缕吗？就是那种长着小小的淡绿色叶子，小得几乎看

不见的花儿和总是缠在一起的细嫩的茎的小植物。

我是今年秋天播下的繁缕种子。可是，我种得太迟了，种子刚发芽，只长出了一小段茎和两片子叶，就被雪埋了起来。我以为，它们肯定被冻死了。可结果呢？它们不仅熬过了冬天，而且长成了一株株小小的植物，有的上面还顶着花蕾呢！

花蕾
指即将盛开，但还没开的花骨朵，俗称花骨朵。

真是怪事儿！要知道，现在还是冬天呢！

新月升起来了

今天我起得很早，竟然看到了一件令我兴奋的事情——新月的初升。

新月大多是在傍晚，太阳落山后才升起来的。很少有人看到它挂在初升的太阳上方，可今天我却看到了。它高高地挂在天上，好像一弯珍珠色的镰刀，悬在红色的朝霞上，一副喜气洋洋的神情。我还从来没见过它这种样子呢！

喜气洋洋
充满了欢喜的神色或气氛。洋洋，得意的样子。

迷人的小白桦

昨天晚上，飘起来一阵暖洋洋、湿乎乎的小雪。雪花飘到院子里台阶前我心爱的一棵白桦树的树干上，飘到白桦树光秃秃的树枝上，仿佛给它披上了一件毛茸茸的外衣。

早晨，我来到院子里，发现白桦树变了，变成了

釉

以石英、长石、硼砂、釉土等为原料制成的物质，涂在瓷器、陶器的表面，烧制成有玻璃光泽的涂层。

一棵魔树：从树干到树枝，好像都涂着一层白釉，在阳光的照射下闪闪发光！原来，是雪水融化后又被冻上了。

几只小山雀飞过来，它们落在小白桦上，东瞅瞅、西瞧瞧，想找点儿吃的。可是，它们脚底下却一个劲儿地打滑，小嘴巴也被戳得非常疼！

它们互相看了看，叽叽喳喳说了一通，飞走了。

蜿蜒

山脉、河流、道路弯弯曲曲地延伸的样子。

太阳越升越高，小白桦上开始滴滴答答地往下流水了。水珠闪烁着，在阳光的照射下变幻出各种色彩，顺着枝干蜿蜒而下。

小山雀又飞回来了！它们落在树枝上，小脚爪也不再打滑了。现在，它们可以舒服地饱餐一顿了！

最早的歌声

一个阳光灿烂的清晨，花园里响起了早春的歌声。那是长着金黄色胸脯的荏雀，它们站在树枝上，高声唱着："晴——几——回儿！"那歌声的调子很简单，但听起来却是那么欢快，就好像在告诉人们："脱掉大衣，脱掉大衣！迎接春天，迎接春天！"

悦读链接

为什么猫不容易被摔死

猫从一定高度的空中落下时，不容易摔死或摔伤，这主要是由于以下原因：

猫没有锁骨，脊椎骨也比一般动物更加柔软有弹性，所以猫的前肢可以更方便地做出动作，同时也可以很容易地弯曲或扭转它们的身体，这样让它们可以在下跌时保证四脚着地。

猫脚趾上有很厚的肉垫，能大大减轻地面对猫体的反震，从而有效地减少震动对各器官的损伤作用。

猫的尾巴也能起到调节身体平衡的作用，就像飞机的尾翼一样。

除此之外，猫四肢发达，前肢短、后肢长，有利于跳跃，这也是原因之一。

悦读必考

1. 仿照例句中加点的词语，写出至少三个ABB式的叠词。

昨天晚上，飘起来一阵暖洋洋、湿乎乎的小雪。雪花飘到院子里台阶前我心爱的一棵白桦树的树干上，飘到白桦树光秃秃的树枝上，仿佛给它披上了一件毛茸茸的外衣。

____

____

2. 根据原文内容回答问题。

（1）小白桦为什么变得闪闪发光？

____

____

（2）作者秋天种下的繁缕冻死了吗？

____

____

3. 去户外听听各种小鸟的叫声，把它们描述下来。

____

____

____

狩　猎

巧妙的圈套

算起来，猎人们用枪打到的野兽，远不及用各种巧妙的圈套捕捉到的多。一个好的猎人，有许多捕捉野兽的办法——设陷阱、做捕兽器。可是，只是这些还不够，还要知道如何把陷阱和捕兽器安排得妥当。那些笨头笨脑的猎人，尽管设下许多陷阱，也放置了好几个捕兽器，但那里面总是空空如也。

陷阱

为捕捉野兽或擒敌而挖的坑，一般上面覆盖伪装物。也比喻使人上当受骗的圈套。

只有那些足智多谋的猎人，才能每次都让野兽顺利地进入圈套。

要想弄到钢制的捕兽器很容易，只要去买就行了。

可要是想学会正确地安置它，就困难多了。

首先，要把它摆对位置——摆在那些兽洞旁边、野兽来往的小路上，还有有许多野兽足迹会聚和交叉的地方。

其次，得知道怎样准备和安置捕兽器。比如捕捉那些聪明的黑貂、猞猁狲，就得先把捕兽器放在松柏或者云杉的汁液里煮一煮，然后戴上手套，把它摆放好，再铲点儿雪盖住它。要是不这样，那些嗅觉灵敏的野兽就会闻出人的味道，或是钢铁的气味儿。

诱饵

指捕捉动物时用来引诱它的食物。泛指用以引人上钩的事物。

另外，要是想往捕兽器里放诱饵，也得知道哪一种野兽爱吃什么。然后再根据它们的喜好放置老鼠、肉或是干鱼。

活捉小野兽

猎人们设计出了许多捕捉那些小野兽（像白鼬、伶鼬、貂等）的捕兽笼。其实，制作它们并不是一件很难的事情，只要抓住它们的特点：进得去，出不来，每个人都会制作。

你可以拿一个不大的长方形木箱，或是一个木筒，在一头儿开个口，口上拴上一扇用金属丝做成的小门。记住，小门一定要比入口稍微长一些。然后，将这扇小门斜着立在入口处，下面插入木箱（或木筒）里，就可以了。

下一步就是放诱饵了。诱饵要放在木箱（或木筒）

里面小野兽能看得到的地方。那些小野兽闻到诱饵的香味，就会用头顶开小门，爬进去。在它后面，小门立刻就会自动关上，而且从里面是顶不开的。这样，那只钻进去的小兽只好蹲在木箱（或木筒）里，等着你去捉它。

自动

指不用人力而用机械、电气等装置直接操作的；自己主动。

在这种捕兽笼里，你也可以装一块活落板，把诱饵放在里边那头堵死的顶板上。入口开得窄一点儿，上面装一个活门插。小兽从这块活落板爬进去，经过落板中心的时候（落板上中心要装一个横轴，使这块板能够活动转侧），它身子底下那一半木板就会往下落，而入口那一半木板却会向上翘起。这样，当木板的上边

滑过活门插时，就会把这个捕兽笼的入口堵得严严实实的。

还有一个更简单的方法：找一个高一点儿的小琵琶桶，把桶顶打开，在桶的中间钻两个小洞，穿上一根长铁轴。再把露在外面的铁轴的两头，架在两根立着的小柱子上。注意，在这两根小柱子的中间，要预先挖个坑，坑的深度相当于半个琵琶桶的高度。

预先

在事情发生或进行之前。

铁轴的两头架好后，把琵琶桶平放在上面，要使它的上半截（开口的那头儿）搁在坑沿上，下半截（桶底那头）吊在坑上面。诱饵则放在贴近桶底的部位。当小兽爬进桶里时，刚爬到桶的中间，桶就会自动翻过去，桶底朝下。桶的四壁滑溜溜的，小兽怎么爬也爬不上来的。

要是等到冬天，想捕那些小兽，就更简单了，只要做个冰阱就行。这是乌拉尔的猎人们常用的方法，做起来很简单。

首先把一大桶水放在露天里，桶面上、桶壁上和桶底的水，要比当中的水冻得快。等到桶里的水冻到有两个手指头那么厚的时候，在冰面上凿个洞，洞口大小刚好能让白鼬钻进去。然后把桶搬回屋里，那暖和的屋子里，桶壁、桶底的冰很快就化了。那时，不费什么力气，你就能从桶里倒出来一个冰桶。这只冰桶从上到下都堵得严严实实的，只有顶上有个小洞。这样，一个冰阱就做成了。

在这个冰阱里扔上一些干草、麦秸，再捉一只老鼠放在里面。然后找一个白鼬或伶鼬经常出没的地方，将冰阱埋在雪里，使冰阱的顶部和积雪一般齐。

麦秸
小麦成熟脱粒后的秸秆。

那些小兽一闻到老鼠的气味，就会从藏身的地方钻出来，钻进冰阱顶上那个小洞里。它只要一钻进去，就别想再出来了——桶壁上滑溜溜的，无论怎样也爬不上来的。

这时，你只要把冰阱打碎，就可以把里面的小兽捉出来了。

为狼设置的陷阱

在狼出没的小路上，挖一个长圆形的深坑。坑壁必须要陡峭，坑的大小，刚好装得下一只狼，又要让它没法跳出来。然后，在坑上面铺一些细树枝，树枝上撒一些叶子、苔藓、稻草等物，再盖上一层雪。这样，无论是谁，也看不出那儿有一个陷阱了。

陡峭
指山势高而陡峻，比喻不平坦。

夜里，狼群从小路上走过。走着走着，最前面的那只狼就走到陷阱里去了。

第二天，你只要带着家伙去捉它就可以了。

狼 圈

除了陷阱，还有的猎人会设置“狼圈”捉狼。

首先在地上打下许多木桩，一根挨着一根，围成一圈。在这圈木桩外，再打一圈木桩。里圈和外圈之间留一条窄窄的夹道，宽度正好容得下一只狼走过去。

夹道

指左右都有墙壁等的狭窄道路。

接着，在外圈上安装一扇只能向里面开的门。再在里圈里放一只小猪崽或一只羊。

狼闻到牲口的气味，就会一只跟着一只走进外圈，在两圈之间的夹道里转起圈儿来。转了一圈后，领头的那只狼就会来到往里开的那扇门前。现在，这扇门挡住了它的路，想往后走，又转不过去了。于是，它只好用头顶开那扇门，门被它这么一顶就关上了。

这样一来，它们只能围着里圈内的牲口转圈子了，直到猎人来把它们捉住。可怜的狼们什么都没吃到，反倒送了自己的性命。

地上的机关

冬天，地被冻得硬邦邦的，像石头一样，根本挖不了坑。于是，猎人们就不设地下的陷阱，而是在地面上设置机关。

具体做法是：先在地上立四根柱子，用木桩打一道栅栏，把以柱子为边界的这块地围起来。在这块地的中间，再立一根柱子。这根柱子要比栅栏高，上面系上一块肉当诱饵。最后再把一块木板放在栅栏上。木板的一头着地，另一头则吊在空中，靠近诱饵。

狼闻到肉的气味，就顺着木板向上爬去，想把肉够下来。可是，它的身子很重，刚爬了几步就把吊在空中的那头压了下来，它也随着一个倒栽葱，掉进了栅栏里。

倒栽葱

指栽跟斗时头先着地，即栽得很重。比喻一次惨重的失败。

熊洞旁又出事了

正是2月底，地面上的积雪还很厚。塞索伊奇穿着滑雪板，在生满苔藓的沼泽地上缓缓地滑着。他的北极犬小霞一会儿跟在他后面，一会儿又跑到他前面，兴奋地叫着。

在这片沼泽地的前方，是一片片小树林。小霞奔向其中的一片，钻到树木后面不见了！不一会儿，树林里传来小霞狂暴的叫声。

狂暴

猛烈而凶暴。

塞索伊奇马上明白了：小霞遇到了熊。他用力蹬了一下滑雪板，朝小霞吼叫的方向飞速滑去。

树林深处有一大堆倒地的枯木，上面盖着积雪，小霞就对着这堆东西咆哮。塞索伊奇找了个合适的位置，卸掉滑雪板，把脚底下的积雪踩结实了，这才端起了猎枪。

咆哮

大吼大叫，通常是愤怒的情绪下产生的反应。

过了不大一会儿，从雪底下探出一个黑黑的大脑袋，两只小眼睛闪着暗绿色的光！

塞索伊奇知道，熊看敌人一眼之后，就会整个缩进洞里，然后再猛地往外一蹿，绕过猎人逃命。因此，猎人在熊把头缩回去以前，就得赶紧开枪。

但是，由于瞄准的时候有些匆忙，因此塞索伊奇第一枪并没有打中那个大家伙，只是擦伤了它的脸颊。这个大个子跳出来，朝塞索伊奇猛扑过来。幸好第二枪打得很准，那只熊晃了一下，倒在了地上。小霞冲过去，

瞄准

指射击时注视目标，以期命中。

在熊的尸体上撕咬起来。

刚才，当那只熊扑过来的时候，塞索伊奇并没有顾上害怕。可现在，他觉得浑身发软，耳朵里嗡嗡直响。其实，任何一个猎人，即便他是顶勇敢的猎人，在惊险过后都会有这种感觉。

塞索伊奇深深地吸了一口冰冷的空气，好让自己清醒一些。就在这时，小霞从死熊旁边跳开，又向那堆枯木扑过去。不过，这次它是从另一个方向扑的！

塞索伊奇一看，不由得惊呆了！

从那儿又探出一个黑黑的脑袋！不过这时，塞索伊奇的心神已经镇定下来。他迅速端起枪扣动了扳机，一枪便结果了那个家伙的性命！可几乎就在同时，从第一只熊跳出来的洞口里，伸出第三个脑袋！接着，又伸出了第四个！

镇定
遇到紧急情况不慌乱、不慌张。

这回，塞索伊奇慌了神！看来，这片林子里所有的熊都聚集到这堆枯木下面来了！他顾不上瞄准，就连发了两枪！匆忙之中，他看到第一枪打中了第三只熊的脑袋，而另一枪却打中了小霞——他的爱犬。那时，它正好跳过去，准备去扑那两只熊。

这时候，塞索伊奇觉得自己已经瘫软了。他扔掉手里的枪，向前迈了几步，便摔倒在第一只熊的尸体上，失去了知觉。

瘫软
（肢体）绵软，难以动弹。

不知道过了多久，塞索伊奇醒了过来。迷迷糊糊中，他觉得有什么东西钳住了他的鼻子，弄得他很疼。他伸出手，想捂住鼻子，却碰到了一个毛烘烘、热乎乎的东西！他竭力睁开眼睛，只见有一对暗绿色的眼睛正紧紧地盯着自己！

塞索伊奇吓得大叫起来，他使劲儿把鼻子从那张大嘴里挣脱开，然后爬起来，跌跌撞撞跑出了那片林子。

好不容易挪到家里，塞索伊奇一下子瘫倒在地上。过了好久，他才镇静下来。他把刚才发生的一幕仔仔细细想了一遍，总算搞明白了整件事的经过。

跌跌撞撞

形容走路不稳的样子。

瘫倒

倒下，难以动弹。

原来，他开头那两枪，打死的是一只熊妈妈。

紧接着，从另一个洞口跳出来的是熊哥哥。这种年轻的熊大多是小伙子。夏天，它帮助妈妈照看弟弟妹妹，冬天，它就睡到它们近旁。

至于最后跳出来的，是两只只有一岁左右的熊娃娃，它们和妈妈住在一起。它们还很小，只有一个十多岁的孩子那么重。可是，它们的个头儿已经长得很大了，这就是慌乱中塞索伊奇把它们当成大熊的原因。

在塞索伊奇迷迷糊糊躺在那儿的时候，这个家庭中唯一的幸存者来到妈妈身边，把头伸到母亲的怀里找奶

幸存者

指在某个危险的事故之后仍然生存或存在下来的人或物。

吃。谁知，却碰到了塞索伊奇热乎乎的鼻子，把它当成了妈妈的奶头，咂了起来。

依恋

指一个人对某一特定的个体长久持续的情感联系。

后来，塞索伊奇把小霞葬在了那片树林里。失去小霞，让他感到很伤心。幸好那只剩下的熊娃娃又调皮又可爱，于是塞索伊奇便把它带回了家。据说，这个幸存的小家伙，一直都很依恋塞索伊奇呢！

最后一分钟接到的电报

先锋

行军或作战时的先遣将领或先头部队。比喻在事业中起先头引导作用的人或集体。

城市里出现了候鸟的先锋队——白嘴乌鸦。冬天马上就要结束了，森林里的新年就要来到了！现在，又要重新读一遍《森林报》了！

悦读链接

猞猁猻

猞猁猻是猞猁的别称。猞猁是猫科动物，体型像猫，但是远大于猫，身体粗壮，最明显的外部特征有两个：一个是尾巴非常短，一般还不到躯干长度的四分之一，另一个是耳尖生有黑色耸立簇毛。

猞猁是喜寒动物，分布范围很广，从亚寒带针叶林、寒温带针阔混交林到高寒草甸、高寒草原、高寒灌丛草原及高寒荒漠与半荒漠都可以找到它们的踪影。但是，在南半球基本上找不到野生猞猁。

猞猁是“独行杀手”，以鼠类、野兔等为食，也捕猎麝、狍子和鹿的幼崽等。捕猎时，猞猁常埋伏在草丛、灌木、石头后面，待猎物走近时，出其不意地发动袭击。

悦读必考

1. 改正下面词语中的错别字。

空空如野　　兴高彩烈　　念念不舍

2. 仿照下面的句子，用关联词“只要……就……”造句。

这时，你只要把冰阱打碎，就可以把里面的小兽捉出来了。

3. 根据原文内容回答问题。

（1）塞索伊奇的猎犬叫什么名字？

（2）哪一种鸟儿的到来被看作是春天的开始？

锐眼竞赛

问题4

你看看这本“书”，然后给我们讲讲这里发生过什么事情。

配套试题

试卷一

一、给下列加点字注音。

（ ） （ ） （ ） （ ）

枯萎 脚印 野兽 神秘

（ ） （ ） （ ） （ ）

思索 墙壁 猎人 翅膀

二、看拼音，写汉字。

mái màn zhuō

掩（ ） （ ）长 捕（ ）

bào fá hún

（ ）炸 砍（ ） （ ）身

三、将下列成语补充完整。

（ ）大包天 （ ）瞪（ ）呆 气急（ ）（ ）

（ ）口同声 居高（ ）（ ） 心（ ）意（ ）

成群（ ）（ ） （ ）冲直（ ） 不（ ）之客

四、写出下列词语的近义词和反义词。

结束：近义词（ ） 反义词（ ）

狡猾：近义词（ ） 反义词（ ）

清醒：近义词（　　　　）　反义词（　　　　）

漂亮：近义词（　　　　）　反义词（　　　　）

五、选词填空。

惊慌失措　　小心翼翼　　高耸入云

轰动一时　　危在旦夕　　饥寒交迫

1. 我们的通讯员（　　　　）地沿着这些脚印走过去。
2. 狼从后面蹿上来，母鹿（　　　　），飞也似的向前跑去。
3. 在南非发生了一件（　　　　）的大事。
4. 在那（　　　　）的山顶上，覆盖着厚厚的冰雪。
5. 谁知，猎枪竟然没响！情况（　　　　）。
6. 长期（　　　　）的生活，耗尽了它们的体力。

六、选择合适的关联词语填空。

因为……所以……　　如果……就……

虽然……但……　　即使……也……

1. 老鼠的字迹（　　）很小，（　　）也很容易辨认。
2. （　　）你仔细观察，（　　）会发现狐狸的脚印和小狗的脚印很像。
3. （　　）它们的身子很小，（　　）只能用放大镜才能看清。
4. 不过，（　　）没有太阳，我们这儿（　　）挺亮的。

七、给下列句子排序。

（　　）四条粗壮的腿，有的直，有的有点弯，仿佛在慢慢地向前走。

(　　) 写字台上摆着我的小瓷象，它是我最喜欢的玩具。

(　　) 长长的鼻子向上翘着，好像在左右摆动，两颗长长的牙齿从嘴里伸出来。

(　　) 小象屁股后面的那条又小又细的尾巴，从正面看，根本发现不了。

(　　) 脑袋两侧有两只扇子般大的耳朵，微微掀起，像是一张一合地扇动着。

(　　) 它全身淡黄色，还夹杂着一条条白色的条纹。

八、按照要求改句子。

1. 大地和森林盖上了厚厚的雪被。（改为“被”字句）

____

2. 动物难道不是我们人类的朋友吗？（改为陈述句）

____

3. 厚厚的白雪像一床巨大的鸭绒被。（缩句）

____

4. 母鹿越过了大树。（扩句）

____

九、修改下列病句。

1. 用云杉枝在田野里搭了许多小棚子。

____

2. 如果天气这么冷，他就坚持锻炼身体。

____

3. 我敢肯定狼可能逃脱了猎人的视线。

____

4. 一个人难免犯错误，改进了就好。

____

十、用下列词语各写一句话。

1. 灵敏——______________________________
2. 壮实——______________________________
3. 各式各样——____________________________

十一、作文。

动物是人类的生存伙伴。有了它，世界才如此丰富多彩。你最喜欢的动物是什么呢？请以“我最喜爱的________”为题，写一篇小短文。要求句子通顺，300字左右。

试卷二

一、根据拼音写汉字。

diāo ( )谢　jù 积( )　róng 从( )　fēn ( )飞

shú ( )睡　wěn 口( )　làn 灿( )　yī ( )旧

二、给下列多音字注音并组词。

处{______( ) ______( )　禁{______( ) ______( )　散{______( ) ______( )

看{______( ) ______( )　倒{______( ) ______( )　难{______( ) ______( )

三、比一比，再组词。

{拉( ) 泣( )　{辩( ) 辨( )　{沙( ) 纱( )

{惜( ) 猎( )　{经( ) 轻( )　{架( ) 驾( )

四、词语接龙。

1. 新奇——( )——( )——( )

2. 训练——( )——( )——( )

3. 来临——( )——( )——( )

4. 雨衣——（　　）——（　　）——（　　）

五、划掉下列词语中不同类的一个。

1. 狐狸　兔子　母鹿　蚂蚁
2. 黄瓜　苹果　菠菜　豆角
3. 平坦　光滑　湖水　凹凸
4. 长江　黄河　红河　东海

六、选词填空。

不管……都……　不仅……而且……

虽然……但……　因为……所以……

1. 冬天，（　　）大多数熊躲在洞里睡大觉，（　　）还有些在森林里游荡。
2. 藏在这层雪被下面，（　　）天气有多冷，树木们（　　）不用害怕了。
3. （　　）熊拼命逃跑，（　　）躲过了猎人的围捕。
4. 李华（　　）学习好，（　　）乐于帮助同学。

七、按要求写成语。

1. 写出三个含有动物名称的成语：

例：画龙点睛　________　________　________

2. 写出三个含有反义词的成语：

例：东张西望　________　________　________

3. 写出三个表现心情的成语：

例：喜出望外　________　________　________

八、根据要求写句子。

1. 狼看到熊，逃命都来不及，哪儿还顾得上母鹿呢?（改为陈述句）

____

2. 田野和林间的空地，就像一本摊开的大书，平平整整，干干净净。（仿写比喻句）

____

3. 夜晚，猫儿开始在屋顶上开音乐会，当然还伴随着打闹与争吵。（仿写拟人句）

____

4. 一行整整齐齐的狐狸脚印伸向了远方。（缩句）

____

5. 小伙子舍己救人的动作，感动了周围的群众。（修改病句）

____

九、作文。

学习生活中，你和同学之间经历过许多事情，请以“我最感动的一件事”为题写一篇小短文。要求句子通顺，300字左右。

参考答案

冬季第一月——银路初现月

一年：12个月的欢乐诗篇——12月

1. kū wěi zhǎn xīn cuò shī
2. （1）不相同。（2）会。

森林大事典

1. 情 自 不迫 乱 糟
2. （1）因为鼩鼱能发出一股很难闻的味道。
（2）因为狼掉进了熊洞里。

农庄新闻

1.口吻 作息 职工 散步
2. （1）好让它们能够形成冰路，运送木材。
（2）如果不堆这么一道墙，风就会把雪吹跑的。没了雪的保护，田里的秋播作物都会冻死的。

城市新闻

1. 口口声声 断断续续 浩浩荡荡 2.（1）每到冬天，我们这儿的许多鸟都飞去尼罗河过冬。再加上那些本地的鸟儿，拥挤的情形真是难以想象，就好像全世界的鸟儿都聚集到了那儿。
（2）科学家们就是用这个方法，来研究那些关于鸟儿们的奇奇怪怪的秘密的。例如，它们在什么地方过冬，一路上要经过哪些地方等。 3.略

狩 猎

1. 难道我们不应该对未来充满信心吗？
2. （1）标志包围圈。 （2）顺着白桦树爬到了云杉上。

无线电通报：呼叫东西南北

1. 小猫一会儿捉蝴蝶，一会儿捉蜻蜓，一会儿捉青蛙，结果一条鱼都没有钓到。2.（1）挖煤。
（2）因为，它们只要从山顶上搬到山脚下就行了。在那儿，雨温柔地下着，到处都是吃的！

锐眼竞赛

1. 是喜鹊留在雪地上的脚印。它在雪地上蹦跳时留下了脚印，而起飞时翅膀一扑，尾巴一拍，便在雪地上留下了翅膀与尾巴的印迹。 2. 这是雪兔的脚印。 3. 圆圆的脚印是雪兔的；窄长的脚印是灰兔的。

冬季第二月——忍饥挨饿月

一年：12个月的欢乐诗篇 —— 1月

1. diāo líng nián chóu zhàn fàng
2. 天上的云像连绵的峰峦，像威武的雄狮，像奔腾的骏马。 3.略

森林大事典

1. 残旧 浅色 经济 路径 珍惜 猎人
2. 埃及人就是往死者身上涂松脂，将它们变成木乃伊的。 3.（1）因为在这里比较容易找到食物。（2）因为它们一辈子都是靠球果为食，而在那些球果里含有大量松脂。吃得久了、多了，那些松脂就会渗入它们的身体里。

城市新闻

1. 如果有个好去处，那么我们就快点。
2. （1）啄木鸟、甲虫、蚯蚓、瓢虫、篱雀的雏鸟、蜻蜓的幼虫、蝾螈。 （2）因为并不是所有的鱼都会冬眠。

狩 猎

1. 汪汪 喵喵 吱吱 2. 塞索依奇说，他已经找到了熊藏身的那片小树林。树林里没有出来的脚印，熊肯定还在那里。 3.（1）大多数熊躲在洞里睡大觉时，还在森林里游荡的熊。（2）上校。

冬季第三月——忍受残冬月

一年：12个月的欢乐诗篇 —— 2月

1. 别着急，我说了，是在一个僻静的角落里。
2.（1）洞穴顶部冬眠。（2）河乌。因为它的羽毛上有一层薄薄的脂肪。

城市新闻

1. 绿油油 懒洋洋 热辣辣 2.（1）雪水融化后又被冻上了。（2）没有。3.略

狩 猎

1. 野—也 彩—采 念念—恋恋 2. 只要用心去做一件事，就会有所收获。 3.（1）小霞。（2）白嘴乌鸦。

锐眼竞赛

4. 图中那些杂乱无章的脚印告诉我们：一个寒冷的冬夜，一只雪兔跳到干草垛旁偷吃了干草，这从那些圆圆的脚印可以看出来；而那些形成一条直线的窄一点的脚印是一只狐狸留下的，它想偷袭雪兔，但它的偷袭没有成功；雪兔逃跑以后，却被一只雕鸮捉走了，因为地上留下了翅膀的印迹，还有血迹。

配套试题

试卷一

一、wěi yìn shòu mì suǒ bì liè chì 二、埋 漫 捉 爆 伐 浑 三、胆 目 口 败坏 异 临下 满 足 结队横 撞 速 四、开始 终止 狡诈 老实 苏醒 昏睡 美丽 丑陋 五、1. 小心翼翼 2. 惊慌失措 3. 轰动一时4. 高耸入云 5. 危在旦夕 6. 饥寒交迫 六、1. 虽然……但…… 2. 如果……就…… 3. 因为……所以…… 4. 即使……也…… 七、5 1 3 6 4 2 八、1.大地和森林被厚厚的雪被盖上了。2. 动物是我们人类的朋友。3. 白雪像鸭绒被。4. 母鹿靠着它那四条矫健的飞毛腿，成功地越过了横躺在地上的大树。 九、1. 他们用云杉枝在田野里搭了许多小棚子。2. 即使天气这么冷，他也坚持锻炼身体。3. 我敢肯定狼逃脱了猎人的视线。4. 一个人难免犯错误，改正了就好。
十、略 十一、略

试卷二

一、凋 聚 容 纷 熟 吻 烂 依
二、chǔ 处理 chù 到处 jīn 不禁 jìn 禁止 sǎn 松散 sàn 分散 kān 看护 kàn 看见 dǎo 卧倒 dào 倒退 nán 难关 nàn 灾难 三、拉车 哭泣 辩论 辨别 沙子 纱布 珍惜 猎人 经济 轻重 架子 驾车
四、1. 奇特 特别 别人 2. 练习 习惯 惯性 3. 临时 时钟 钟表 4. 衣服 服用 用法
五、1. 蚂蚁 2. 苹果 3. 湖水 4. 东海
六、1. 虽然……但…… 2. 不管……都……
3. 因为……所以…… 4. 不仅……而且……
七、1. 狐假虎威 千军万马 惊弓之鸟 亡羊补牢 2. 南来北往 生死存亡 天昏地暗 3. 幸灾乐祸 气急败坏 闷闷不乐 八、1. 狼看到熊，逃命都来不及，顾不上母鹿。 2. 战士们像猛虎一样冲向敌人。 3. 顽皮的雨滴最爱在雨伞上尽情地跳舞。 4. 脚印伸向了远方。5. 小伙子舍己救人的行为，感动了周围的群众。 九、略